Beautiful Work by Beautiful Sense

업스타일 마스터

이효숙 · 권대순 · 김은영 · 심선녀 · 오순숙 · 윤수용 · 정숙희

청구문화사

머리말

반복되는 일상(日常)에 치여 의욕만큼 충실하지 못했던 아쉬움을 이번엔 제대로 만회할 수 있으리라 그렇게 기대했던 작업일정이었다. 그 아쉬움은 또한번 마지막 작품을 마무르면서도 동일하여 멈칫 놀라게 합니다. 문득 지나온 시간들을 되돌아 보니 옥핀을 꽂듯 긴장하며 날 세운 그 초심(初心)이 그래서 더욱 귀하게 느껴집니다. 그 시작이 있었기에 끊임없이 부족한 부분들을 살펴왔고 좀 더 성숙한 완성을 바라보는 오늘을 선물 받고 있기 때문입니다.

업스타일은 "아름다운 감성에 의해 연출되어지는 아름다운 작업"이라고 믿고 있습니다. '아름다움'에 대한 생각을 시작으로 쉬임없이 아름답게 할 수 있는 사소한 꺼리들을 찾고 그 사유와 감각을 고객의 필요와 욕구에 맞추어 적절히 풀어놓는 작업이라 할 수 있습니다. 그 행복한 소유를 나누는 기쁨이 미용을 전공하는 더 많은 후배들에게 유익한 정보로 전해지길 소망해봅니다.

그 동안 교재작업을 위해 후원해 주신 청구문화사 이상태 사장님과 격려해 주신 여러분들, 즐거운 경험으로 흔쾌히 모델을 자원해준 제자들, 그 밖에도 작업에 도움을 주신 모든 분들께 마음 깊이 감사를 드립니다.

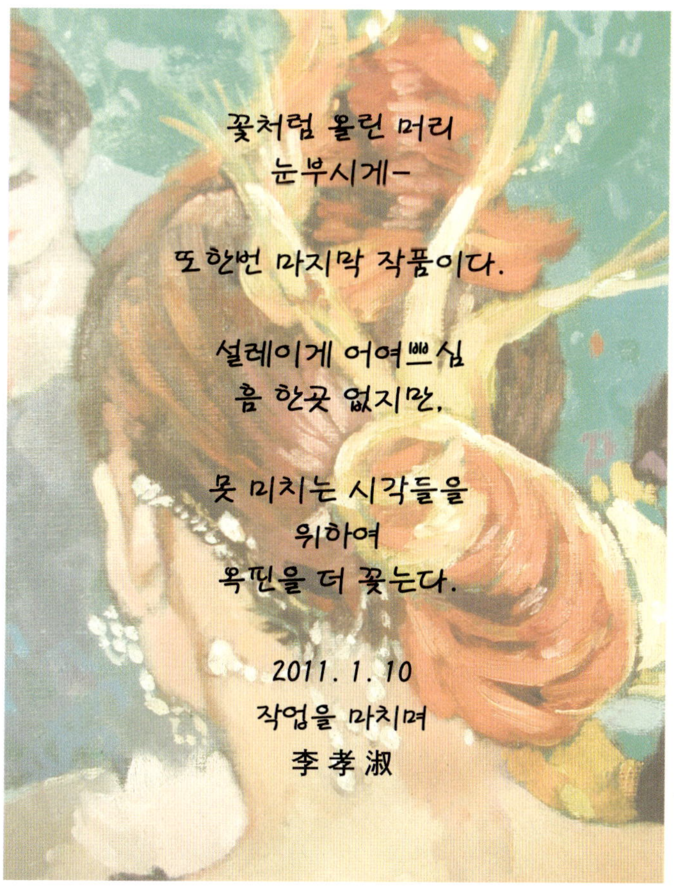

목 차

Hair Style의 미학과 업스타일의 이해

1. 헤어스타일의 미학
2. 업스타일의 이해

학습요점

제1장에서는 성공적인 헤어디자이너가 되기 위한 기초이론 지식을 제시하였다. 그것은 고객에 대한 정확한 관찰과 분석을 하고 그 결과를 헤어스타일에 적용시킬 수 있어야 하는 과정이다. 헤어스타일의 미학적인 이해와 접근, 논리적으로 손님의 개성을 분석하고, 헤어디자인의 적용능력을 위한 개념적 바탕과 사고구축에 도움이 될 것이다.

1. 헤어스타일의 미학(美學)

인류가 가진 아름다움에 대한 관심과 탐구는 동서양을 막론하고 시공을 초월하여 인간의 삶 가운데 가장 보편적이고 중요한 일상의 하나로 다양하게 변화, 발전해오고 있다. 특히, 인간 외모의 아름다움에 대해서 인류학자들은 절대적인 기준이 있는 것이 아니라 문화에 따라 달라지는 상대적인 개념이라고 지적하기도 한다. 즉, 시간과 문화적 공간에 따라 미의 기준이 달라지며, 다르게 해석되고 추구되어진다(물론 보편적인 아름다움에 대한 공감은 별도의 이해가 필요하겠지만 –)는 것이다.

아름다움을 향한 인간의 욕망은 치장을 통한 개인적 차원의 만족을 넘어 각각의 사회를 읽는 다양한 문화적 코드로 작용하기도 한다. 그러한 치장 형태에는 다양한 것 들이 있겠으나 특히 얼굴을 감싸고 있는 머리카락의 형태미나 장식을 위해 드리는 노력이나 집착의 예는 동 · 서양의 역사 가운데 무수히 많다. 김경민 · 신지현의 "나이지리아요루바족"을 중심으로 한 헤어스타일 연구에서도 요루바족의 문화 속에서 헤어스타일은 하나의 예술이고, 사회의 생활상을 반영하며 역동적으로 변화하고 있다고 말하고 있다. 요루바족의 문화 속에서 헤어스타일은 사회의 변화를 반영할 뿐 아니라 그것을 촉진시키는 커뮤니케이션의 수단으로 작용한다. 또한 그 이름과 형태는 사회의 특정한 사건, 현대적 건축 공사, 사회 구성원의 관심, 사회 계층 등의 생활상과 사회 변화를 반영하며 다양한 정보를 제시할 뿐 아니라 그것을 촉진시키는 매개체 역할을 담당한다(김경민 외, 1999, p.47~48)고 밝히고 있다.

이처럼 우리 얼굴에서 머리카락은 마치 식물의 줄기나 나뭇가지에 한껏 조화를 이룬 꽃이나 푸른 잎 같은 존재이다(몸, 샤오춘레니, 2006, p.35). 머리카락이 가진 다양한 기능을 차치하고라도 누구나 한번쯤은 그 자체가 가지는 신비함에 젖어보게 하는 유혹적인 몸의 일부이다. 두피에 나 있는 머리카락은 우리의 정신 세계와 태도, 인간 관계, 자기 인식, 기호, 성별, 나이 등에 관한 가장 많은 개인의 정보를 담고 있다. 그것은 또한 일정 기간 넘게 우리 신체의 살아 있는 기록이 된다. 우리가 머리카락을 자르거나 면도해 버리지 않는다면 그것은 우리가 무엇을 먹었는지에 대한 지표를 제공하며, 그 머리카락이 머리 위에 있는 동안에 우리의 건강이 어떠했는지의 기록을 제공하기도 한다(美, 낸시 에트코프, 2000, p.153). 아마도 우리가 긴 머리를 선호하고 끌리게 되는 요인 중의 하나는 이처럼 우리도 모르게 머리카락의 길이에 담겨진 개인의 역사를 읽게 되며 상대방에 대한 친근한 매력을 발견하게 되는 이유일 수 도 있겠다.

한편 여인들의 머리카락은 너무나 도발적인 것으로 여겨지기도 하여 많은 문화권에서 결혼 후에는 감추게 하기도 하였다. 이는 통제 불능의 욕망을 자극 할지 모른다는 두려움 때문이었다. 1세기에 결혼한 로마 여자는 머리를 감추지 않으면 이혼을 당할 수도 있었다. 《탈무드》에는 만일 여자가 머리카락을 완전히, 또는 부분적으로 덮지 않고 외출을 하면 위자료 없이 이혼을 당할 수도 있다고 기록되어 있다. 오늘날까지도 정통 유대교의 여자들은 한번 결혼을 하면 머리카락을 머리 수건이나 스카프로 덮거나 가발을 쓴다. 도리스 시대의 그리스 여자들은 결혼식 날에 머리카락을 잘랐다(美, 낸시 에트코프, 2000, p.150). 또 그리스 인들은 상이나 슬픈 일이 있을 때는 머리를 깎고 부정한 여자의 경우는 벌로 남편이 머리를 깎았다(미용미학과 미용문화사, 2001, p.47)고 전한다. 이러한 사실들은 머리의 아름다움을 중시했던 인간의 공통된 사고라고 이해해 볼 수 있으며, 인간의 모든 감정과 생활상이 머리카락과 관련되어 있음을 살펴 볼 수 있는 단적인 예라 할 수 있다. 또한 헤어스타일만 보아도 그 사람의 사회적인 지위, 계급, 혼인의 유무를 파악할 수 있을 정도로 두발의 형태나 장식은 사회적인 현상을 나타내는 수단의 하나로 자리매김 되어 있으며, 나아가서는 그러한 개개인이 속한 공동체 (사회, 국가, 민족-)의 보편적인 정서와 취향을 반영하고 있기도 하다.

하지만 인류가 공동체 생활을 통해 타인들과의 관계 속에서 각기 다른 문화를 형성해 온 아주 오랫동안의 역사가운데 "무엇이 미를 구성하고 있는가?"에 대한 대답은 숫자였다. 아름다움에 대한 이상적인 수치는 피타고라스와 플라톤, 뒤레, 다빈치 그리고 르네상스의 예술가로 거슬러 올라간다. 미에 대한 고전적 핵심용어는 일관성과 질서에 있다. 비트루비우스는 〈건축(De architecture)〉에서 '잘생긴 사람'을 묘사했는데, 얼굴은 균등하게 3등분되고 머리는 전체키의 8분의 1이 되어야 한다고 했다. 프랜시스컨 프라이아 루카 파키올리는 그의 16세기 논문 〈신의 비율(De divina proportione)〉에서 만물의 아름다움에 대한 공식은 인간의 몸에 축소되어 있다고 제안했다. "모든 수치와 명칭은 인간의 몸에서 나온 것이며, 모든 비율과 비례는 신이 자연의 가장 깊숙한 비밀을 밝힘으로써 찾아지는 것이다"(Nancy Etcoff/이기문 역, 2000)라고 하였다.

현대사회로 오면서 인류가 겪고 있는 사회적, 문화적 치열한 경쟁 상황들은 인체의 '미'에 대한 기준 또한 좀 더 구체적인 신체의 부분들로까지 연관되어졌고 얼굴형, 이목구비, 부분별 체형조건 등으로 그 관심이 증폭되어지고 있어서, 긍정적이지 못한 사회문제를 야기 시키고 있기도 하다. 이처럼 '미'에 대한 상대적인 기준은 조금씩 모호해져 가고 있어서, 개인이나 개인이 속한 문화집합체의 고유한 '미'의 추구와 실현보다는 사회적인 통념에 근거한 '제시되어지는 미'에 집착해 가고 있기도 하다. 특히 이러한 의식들은 인간의 사회활동에 가장 중요한 조건으로 작용되어져 기본적으로 결혼, 취업 등과 함께 기타 인간관계 속에서 이루어지는 첫인상, 이미지 반사 등으로 귀결되어져 자기관리의 필요성과 함께 사회적 관심을 불러일으키고 있다.

사람얼굴은 100가지 부위로 구획(윗입술, 눈썹, 귓불, 눈동자 등-)지을 수 있다고 한다. 메사추세츠 공대(MIT) 펜틀랜드 박사팀의 연구에 의하면 부위별로 얼마나 많은 변이가 가능한지에 대해 적어도 부위별로 100가지씩 다른 모양이 있다고 한다. 사람 얼굴엔 100^{100} 만큼의 가짓수가 있는 셈이다. 이것은 우주에 있는 모든 원자 입자의 수(10^{87})보다 사람얼굴 가짓수가 많은 것이다(조선일보, 2006). 헤어스타일은 이처럼 다양하며 변화무쌍한 얼굴의 유형과 체형 등 기타 신체의 특성을 보완하고 장식하며, 그 자체로 또 다른 이미지형태를 창출한다 할 수 있다. 또한, 헤어스타일은 다양한 문화적 상징성을 갖고 과학적 탐색의 대상이 되며, 개인의 고유한 개성미를 살려 만족을 주기도 한다, 나아가 이론적 근거를 바탕으로 다양한 얼굴형과 체형, 비슷한 기호 등을 가진 개개인에게 적절한 시술을 제안할 수 있는 보편적 근거가 될 수 도 있다.

이처럼 헤어디자이너는 '미'에 대한 상대적인 개념을 먼저 이해하고 고객의 신체적 특성(장. 단점)을 올바르게 파악하여야 한다. 여기에 예술적 안목과 감각을 통해 체계적인 디자인 계획을 수립할 수 있어야 하며, 이를 숙련된 기능으로 완성할 수 있어야 한다. 다시 말해, 신체의 결점을 보완하는 헤어스타일의 연구와 적용에 대한 탁월한 역량을 길러야 한다는 것이다. 나아가 적극적인 자세로 고객의 욕구 수용과 헤어스타일을 제안하여서 고객들이 헤어스타일을 미적, 인상학적 요소를 고려하여 바른 선택을 할 수 있도록 유도해야 하며, 이를 통해 미용문화가 좀 더 전문화 되어갈 수 있도록 노력해야 할 것이다.

1) 헤어스타일의 상징성(象徵性)

헤어스타일은 신체를 장식하고 상징하는 하나의 방법으로 얼굴의 형태나 유행에 따라 여러 가지 스타일을 보이며 변화하였다.

모발을 가다듬어 만지는 것은 한랭, 마찰 등을 막아주는 신체보호와 촉각을 전달하며 제2차 성징에 관여하면서 장식의 역할을 하는 외에 심미적이며 주술적인 기능의 종합적인 상징수단이다.

헤어스타일만 보아도 개인의 여러가지 면이 추측 가능하며 이런 예는 동서고금에서 모두 보이는데 우리나라의 전통혼인의 경우 여성은 미혼일 때 홍라로 묶은 댕기머리를 하였다가 기혼은 쪽머리를 하였으며 남성 역시 미혼은 흑라로 묶은 댕기머리를 기혼의 상징인 상투를 하여 나타내었다. 남성이 머리가 다모(多毛)일 경우 육체적으로 성적으로 강하다는 인상을 주며 탈모된 머리카락이나 색이 하얗게 되는 백발 화는 노화의 신호로 여겼다.

헤어스타일은 개인의 상태를 혼인의 여부나 계급, 부로 상징하기도 하고 정신적, 심리적으로 효(孝)나 순종의 상징으로 나타내었는데 우리나라 조선시대의 높은 가체나 프랑스의 마리 앙트와네트 왕비의 높고 화려한 머리 형태와 장식은 위엄과 부를 상징하였다. 고대로부터 두발을 자르는 데는 특별한 의식이나 습관이 있었으며 북미 대륙의 토착인들은 적의 두피를 전승의 증거로 여기고 죄인의 두발을 삭발하여 벌을 주는 의미를 가지는 등 두발은 사회적 상징성을 가졌다.

심리적으로 남성은 강하고 힘찬 생명력을 추앙하고 여성은 남성을 매혹하는 무기로 머리카락은 아름다움의 표상이었으며 특히 여성에게 긴 머리는 우아함과 미의 가치를 지녔다.

이 때문에 고대 이집트와 짧은 머리가 잠시 유행하였던 엠파이어 시대를 제외하고는 여성은 남성과 같은 짧은 머리를 하지 않았다. 심미적 상징의 수단으로 고대 희랍인들에게는 미의 정의가 조화, 균형 그리고 비율의 문제였는데 플라톤은 미의 정수를 '황금분할', 즉 작은 부분 대 큰 부분의 비율이 큰 부분 대 전체의 비율과 같도록 대상을 나누는 특별한 방법이 고안되었다. 모든 아름다운 것에는 전체 길이의 삼분의 일 되는 곳에 나뉘는 부분이 있으므로 완벽한 얼굴이란 눈썹은 머리선으로부터 삼분의 일위에 있고 얼굴 넓이는 길이의 삼분의 이가 되어야 한다는 공식이 있었다.

독일철학자 칸트는 미를 보다 추상적으로 해석하여 단순함에 의미를 두었는데 미란"알기 쉽고 이해하기 쉬운 것"이라 정의하였다.

우리가 인상에서 받는 미의 기준도 우리가 보는 것의 세세한 부분이 아니라 특정 순간에 경험하는 전체 패턴에 따라 결정되는 것이다. 얼굴의 아름다움은 피부와 눈, 코 같은 세부의 문제가 아니라 이 세세한 부분이 교류하며 영향을 주고 또 주변의 영향으로 만들어진 인상, 특정 순간에 얼굴을 둘러싼 전체적인 인지 구조에 의해 만들어진 인상의 문제이다. 여성의 미에 대한 세부적인 평가는 널리 이루어져 이상적인 미에 대한 판단 기준은 늘 논의되어 왔다.

중세 미인에 대해 커리는 다음과 같이 설명한다.

'금빛 철사 같은 금발, 눈부시게 반짝이는 푸른 눈, 백합처럼 희거나 장미처럼 분홍빛인 뺨, 고르게 박힌 흰 이, 긴 팔, 눈처럼 희고 긴 날씬한 손가락, 작고 하느작거리는 허리, 눈부시게 희고 비단처럼 부드러운 피부'

이러한 미의 관념은 현대에도 일맥상통하는 면이 있는데 미국의 브리슬린의 연구에 따르면 미를 구성하는 요건에 대한 사람들의 의견 일치로 '미의 점수'를 만들어 제시하였는데 높은 점수 요건은 남녀 모두 타원형 얼굴에 피부는 깨끗하고 눈은 크고 푸르며 속눈썹이 길고 코는 곧고 앞에서 볼 때 '다이아몬드' 모양이며 입은 중간, 귀는 튀어나오지 않고 귓불이 작아도 안 되고 머리칼은 곧고 윤기가 나며 건강한 모발을 제시하였다.

모발은 단순히 남녀의 상징이기도 하며 시대의 유행이나 지역을 나타내는 기본적 상징 역할 외에 인간의 감성과 문화, 정신을 나타내는 대변인의 역할을 하였다. 우리가 단순히 신체의 일부이자 미의 표현 대상 정도로만 여기던 머리카락에는 전통적으로 많은 역할과 다양한 상징을 담아내고 있었으며 현대는 발전된 과학기술로 모발 분석을 통해 건강상태를 파악하거나 유전자 검식까지 다양하고 폭넓은 형태로 헤어에 대한 관심이 지속되고 있다.

2) 헤어디자인의 개념

헤어디자인이란 헤어스타일을 위해 고안된 디자인으로 "선을 이용해서 모양을 만들고 비율과 균형, 조화를 부여하여 시대의 변화에 따라 유행하는 개성 있는 모습을 창조해 내는 것이다. 장식 예술 이상의 의미를 가지는 헤어디자인은 고객의 희망과 디자이너의 아이디어가 합해져 이미지를 형성하며 미적·기능적 요구를 충족시키는 응용예술의 한 분야이다.

가와소에 노브루는 디자인의 가장 일반적인 용법은 "인간이 만들려고 하는 목적물을 머릿속에 그려 그 이미지를 그대로 실현하려고 하는 행위"라고 정의하였다. 디자인이란 그것을 만들기 위한 재료의 선택에서 제작 과정과 완성되어 쓰이기까지를 고려하여 발상하는 행위이며 디자인의 이미지는 누구나 떠올릴 수 있지만 이미지를 시각화, 실체화시키는 기술을 갖는 분야는 스페셜리스트(speciallist)인 디자이너영역에 속한다.

디자인 행위를 분석하면 몇 개의 과정으로 나뉘며 최초의 이미지 발상 요건은 역사적, 철학적·문명론적 견지의 여러 요건을 만족시티는 형태로 나타난다. 모발미용 디자인 요소는 형태와 색, 질감의 요소 외에 형태를 갖추기 위해 여러 부분이 유기적인 통일을 이루기 위해 구조적 계획이 필요하며 이를 위한 통일, 균형(대칭,

비대칭), 비례, 리듬(반복, 점이, 조화, 강조, 대비의 디자인 원리)가 활용된다.

시각적 인식 과정에서의 형태와 색은 감각에 의해 정리됨이 중요하며 지각에 두드러지도록 조형성을 위한 다양한 시도로 디자인의 조형성과 실용성을 겸비하며 헤어디자인도 이런 디자인의 기초를 충족하는 것이 좋은 디자인의 요건으로 그 목적은 대상의 실용화란 합목적성을 갖는다. 디자인의 합목적성은 형이나 색, 재질의 미에 의해 시각적으로 쾌감을 가질 수 있는 아름다움, 심미성이 있어야 한다.

심미성은 개인의 주관에 의해 판단되므로 다양한 정서적 개인차를 보이나 대중이 공감하는 미를 가진 디자인의 경우 시대성, 극제성, 민족성, 사회성, 개인성 등이 복합된 것의 공약수적인 감각이다. 헤어디자인의 경우에도 고객과 그 주위의 디자인을 보는 대상의 미의식까지 고려하여 대처한 가장 적절한 미적 표현이 이루어져야 하며 디자인은 디자이너에 의해 독창성을 가지고 새롭게 창조되는 것으로 모방이나 복고의 되풀이는 무의미하다.

디자인의 창조력과 직관은 디자이너의 중요한 속성으로 아이디어 형성과 개발과정에서 조직적 통찰력과 창의성으로 체계적 과정을 개발하고 이를 뒷받침하는 기술력의 습득과 이론의 배양이 중요하다. 최소의 비용으로 최대의 효과를 얻는다는 것은 경제의 중요한 법칙이며 디자이너가 재료나 전개방식에 통달하여 조형미와 모발 손상 없이 적은 비용으로 높은 만족을 창출함은 중요하다.

헤어디자인의 기본은 커트이며 "머리카락에 길이감과 운동감, 양감과 질감을 창조하여 실루엣을 주고 디자인을 형성 하며 이를 위해서는 신체적인 조건을 검토하는데 고객의 두상, 얼굴모양과 신체균형 뿐만 아니라 모발 성장패턴, 모결, 모량과 헤어컬러 등을 고려한다. 헤어디자이너는 자신의 창조적인 작업을 위해 독창성을 갖는 것도 중요하지만 인간의 신체를 소재로 하는 만큼 다른 예술가와는 달리 디자인의 독창성이나 유일함뿐만 아니라 디자인 대상의 요구와 기호를 만족시키고 시대와 지역의 문화와 유행에 부합하며 신체의 장·단점을 파악하여 이를 수정·보완하는 역할 수행이 필요하다.

창조적인 디자이너는 감수성을 가지고 대상을 관찰하고 주관적인 미와 함께 객관적인 미를 디자인의 원리에 따라 적절히 배치하여 스타일을 구성해 미를 구현하며, 여러 다른 요소들을 조합하여 전체적으로 조화를 이루는 하나의 완전한 대상을 만들며 인간의 정서적, 신체적, 윤리적 상관관계를 다룬다. 시각적 관점에서 디자인이란 어떤 특정의 목적을 달성하기 위해 재료와 형태를 구성하는 것을 의미한다.

헤어디자인은 모발이라는 소재에 일련의 조형 활동을 수행하여 개인의 고유미를 부각시키거나 개선시키는 근본 목적을 가진다. 그러므로 헤어디자이너는 피시술자의 아름다운 부분을 강조하며 결점을 보완하기 위하여 얼굴 형태와 두상의 모양 모류의 방향 등을 살피고 이를 바탕으로 디자인하여야 한다. 헤어디자인은 단순히 점, 선, 면의 2차적 평면구조가 아닌 점, 선, 면, 형, 크기, 공간을 가지는 시각디자인에 의한 착시와 소재(시각, 피부촉각, 색채)를 디자인의 요소로 볼 수 있다.

디자인 결정이 신체적, 정신적, 기술적인 측면을 다양하게 고려하여 형성화된 이미지의 전달과 변이로 가능하며 아름다운 헤어디자인을 위해 골격, 얼굴 생김새,(턱선, 눈, 코, 입), 얼굴형, 머리카락흐름, 모발의 질, 생활 습관, 직업 등 여러 요인을 고려해 고객 각자에게 알맞은 헤어디자인을 하여야 한다.

3) 얼굴형의 특성을 보완하는 헤어스타일

(1) 얼굴형 – 정면

① 장원형(oval facial type)

얼굴형은 이목구비와 머리모양을 제외한 얼굴의 외곽선을 말하며 얼굴 유형은 외곽선의 형태에 따라 특징적으로 나뉘는 타입의 총칭을 말한다. 개인 각각의 얼굴 형상은 얼굴뼈의 위치와 돌출에 의해 결정된다. 데이비스(L. Davis and R Marian Franke, 1980)는 얼굴형을 계란형(oval), 정사각형(square), 둥근형(round), 직사각형(rectangular), 삼각형(triangualr), 역삼각형(inverted triangle), 마름모형(diamond)의 7가지로 분류하여 각 유형에 대한 시각적 특징을 설명하였으며 Tate(Sharon lee Tate, 1991)는 얼굴형을 계란형(oval), 사각형(square), 둥근형(round), 삼각형(triangualr)의 4가지로 분류하였다. 인상의 대부분은 얼굴형으로부터 결정되며 얼굴형을 분석하고 정확히 파악하면 좋은 인상을 위한 헤어스타일을 디자인 할 수 있으며 다른 스타일로 변화하는데 도움을 준다.

계란형 얼굴은 얼굴형 중 가장 이상적인 형으로 모든 여성의 헤어나 메이크업의 목적이 되며 기준이 되는 형으로 이러한 얼굴형은 어떠한 분위기 연출도 가능하다. 이상적 형태로 특별한 주의나 수정보다는 여러 가지 다양한 디자인을 소화하며 다른 모든 얼굴형의 변형을 위한 기본을 형성한다.

계란형 얼굴(oval facial type)은 눈썹을 가로지르는 얼굴 너비보다 약 1.5배 반 더 길며 이마가 턱 보다 조금 더 넓고 안경이나 코의 길이나 형태, 옆얼굴 등의 변수를 고려하면 어떤 헤어스타일도 무난히 시도할 수 있다. 이 얼굴형은 눈, 코 각 부위가 작고 전체적으로 아담하여 귀품과 세련미가 있으며 매끄럽고 곧은 가장자리와 부드럽고 완만한 곡선이 조화를 이루며 곡선 진 턱과 이마, 그리고 약간 곡선 진 뺨을 특징으로 한다.

미인형의 얼굴이 많고 의지와 논리성을 함께 보이며 두뇌가 명석하고 끈기가 있으며 의지력도 강한 특성을 보이나 자칫 나이보다 성숙해 보이거나 밋밋한 인상을 줄 수 있으므로 이런 인상을 개선하는데 헤어스타일의 역할이 크다. 계란형은 어떤 헤어스타일이든 무난하며 선택의 폭이 넓은데 커트에서 세미 롱 스타일, 롱 스타일 모두 어울리지만 자신의 체형까지도 고려하여야 한다.

얼굴 윤곽을 살려주는 컷트가 잘 어울리며 발랄한 이미지를 주는데 윤곽이 둥글면 가로로 퍼져 넓어 보이므로 사이드의 볼륨을 억제하고 돕 부분을 약간 볼록하게 해주어 산뜻함과 시각적 청량감을 준다. 웨이브의 경우 숱이 많으면 얼굴이 넓어 보이므로 층을 내어 정리하고 긴 머리의 경우에도 턱 선을 따라 Increase Layer cut하며 앞머리나 커트의 끝 선에 샤프한 라인을 넣어준다.

1 계란형얼굴에 어울리는 스타일

② 사각형 얼굴(square, rectangular)

얼굴이 좁고 길며 광대뼈와 턱 부분이 돌출되어 발달 된 인상을 주며 여성의 경우 나이 들어 보이고 강하고 다부진 인상을 준다. 상안(上顔), 중안(中顔), 하안(下顔)의 길이가 같아 보이는 사각형은 얼굴길이가 짧고 넓은 이마와 직선의 뺨, 아래 턱뼈가 돌출된 넓고 각진 턱으로 우직하며 굳세고 체격이 크거나 어깨가 발달된 체형에 많다.

"강한 의지와 활동적인 이미지로 신뢰감을 형성"(김희숙 이 인임, 1996)시키며 자기가 맡은 일에 잘 대응해서 일을 능숙히 처리하며 착실하게 보이지만 여자 얼굴형으로는, 귀엽고, 유순함이 적고, 성격이 강하고 고집이 센 이미지를 준다. 대담하고 화려한 이미지를 주는 헤어스타일이나 정면과 사이드에 컬을 만들어 Face Line에 붙여주면서 바깥말음으로 흘려주는 스타일, Top부분에 머리카락이 몰려 올라가지 않도록 스트레이트상태로 넘기고 머리끝의 형태는 바깥쪽을 향해 말리도록 한다.

각이 드러나는 짧은 머리나 스포츠형의 스타일을 피하고 차분한 스타일도 나이 들어 보일 수 있으므로 발랄하고 귀여운 스타일이 어울리는데 삐죽삐죽 불규칙한 길이의 앞머리는 자연스럽고 부드러운 인상과 발랄한 인상을 준다. 각진 얼굴은 선이 딱딱하고 날카로운 첫인상이 되기 쉬워 적당히 긴 머리가 좋으며, 가벼운 컬로 얼굴 윤곽을 부드럽게 감싸는 형태와 앞머리는 부드러운 곡선으로 디자인하여 귀밑머리를 안으로 살짝 말아 턱 끝을 부드럽게 연출 한다.

강한 느낌의 사각형 페이스 라인을 부드럽게 연출하고 긴 머리를 인(in) 컬로 턱선을 감싼 옆머리가 답답할 때는 복고풍 뻗침 머리의 형태도 잘 어울리며 뻗침 머리와 블리치가 강하게 들어간 옆머리가 자연스럽게 턱으로 몰리는 시선을 분산시킨다.

2 사각형얼굴에 어울리는 스타일

③ 둥근형 얼굴(circular)

둥근형 얼굴에 어울리는 헤어스타일은 얼굴 모양이 원을 그린 듯 동그란 형으로 신체에 살이 실하고 낙천적이고 지극히 현실적으로 주변 사람들과 분위기를 잘 맞추어 외교수완에 능하다. 이성보다는 순간적 본능이 지배하는 단순한 이미지이며 얼굴형과 라인이 둥그스름하고 부드러워 귀엽고 앳된 이미지를 주며 때로는 세련미가 없고 부어 보이는 결점이 있다.

헤어스타일은 타원형얼굴에 근접하게 디자인하며 Top을 기점으로 모발 길이에 단차를 두고 질감처리를 강하게 하여 볼륨감을 형성시키고 길이 감을 준다. 얼굴이 넓고 이마가 좁은 얼굴 형태로 밝고 명랑하며 건강하고 여성적인 둥근형은 앞머리를 사선으로 처리하여 약하게 흐르는 웨이브가 잘 어울리고 윗머리는 볼륨을 살리고 옆머리는 볼륨을 최대한 억제하여 연출하는 것이 기본이다. 앞머리를 이용하여 페이스 라인을 따라 내리면 얼굴이 길어 보이는데 옆머리는 귀를 덮지 않게 하고 윗머리가 시선을 분산한다.

3 둥근형 얼굴에 어울리는 헤어스타일

④ 삼각형 · 역삼각형 얼굴(triangle · inverted triangle)

삼각형 얼굴은 광대뼈가 튀어 나오고 볼 뼈 아래 부위가 살이 통통하게 많은 형으로 의지력이 강하고 고집스러워 보인다(이혜성, 1996). 헤어스타일은 탑 부분을 강조하고 옆 사이드의 볼륨 감을 줄여 탑 부분으로 시선을 분산하여 턱 선의 강조를 막는 헤어스타일이 바람직하다.

역삼각형 얼굴의 특징은 상, 중, 하 이마는 넓고 시원하지만 얼굴 아래로 갈수록 좁아져 턱 부위가 좁은 거꾸로 된 삼각형 모양 얼굴로 세련되고 지적인 능력이 뛰어나며 문학, 예술, 교육, 의상, 의약(醫藥) 계통에 실력이 있고 자존심과 독립성이 강하다. 감정에 치우치기보다 이성에 의한 사리판단을 하며 반면에 지구력이 약하고 자칫 날카롭고 신경이 예민하며 여성미가 둔화되어 보이는 단점이 있다. 얼굴 아래로 양귀 사이의 폭이 넓어 보이기 쉬우므로 옆머리와 뒷머리를 짧게 올려 자르지 않는 것이 좋고 짧은 머리일 경우에는 억지로 단점을 가리기보다는 자연스러운 손질이 가장 좋은 방법으로 깔끔하게 커팅 한 다음 머리를 앞쪽으로 쏠리게 해서 역삼각형 얼굴의 윗부분을 가려주면 뾰족한 턱이 어느 정도 완화된다. 구렛나루 부분을 살려 넓어 보이는 양귀 사이를 보완, 머리가 짧고 이마가 넓을 경우 단점을 가리기보다 자연스럽게 이마를 드러내어 시원스런 이마와 뻗친 머리에 시선을 분산해 뾰족한 이미지를 한결 완화할 수 있다.

4 삼각형, 역삼각형 얼굴에 어울리는 헤어스타일

⑤ 마름모형 얼굴(lozenge. diamond)

마름모형 얼굴에 어울리는 헤어스타일은 이마와 턱이 좁고 뾰족한 반면 얼굴 전체 중 광대뼈가 차지하는 부분이 가장 발달하여 옆모습이 초승달 같은 형태이며 턱이 가늘고 날렵하여 얼굴이 길어 보이고 콧대가 길게 얼굴 중앙을 통과하는 느낌으로 다른 부분에 비해 가장 돌출된 형이다. 이마와 하관이 광대뼈의 폭보다 좁아 보이는 형으로 마른 사람에게 많이 보이며 한 가지 목표를 정하면 끝까지 완수하는 경우로 지적인 느낌을 주고 굳센 의지와 근면성이 있는 반면에 고집이 강하고 뒤끝이 차가운 냉정한 이미지가 있으며 경리직, 의류, 서비스, 스포츠 계통에 적합하다. 광대뼈의 돌출이 특징적인 마름모형 얼굴은 단점이 오히려 남성에게는 날렵함을 느낄 수 있는 장점으로 변화 할 수 있으며 억지로 가리기보다는 단점을 자연스럽게 드러내고 시선을 유도할 수 있는 세련된 웨이브나 깔끔한 미디엄 컷 등이 좋다. 스타일링 젤을 이용해 가르마를 만들어주어 시선을 유도하고, 구렛나루는 돌출된 광대뼈를 부각시킬 우려가 있기 때문에 깨끗하게 없앤다.

5 마름모형 얼굴에 어울리는 헤어스타일

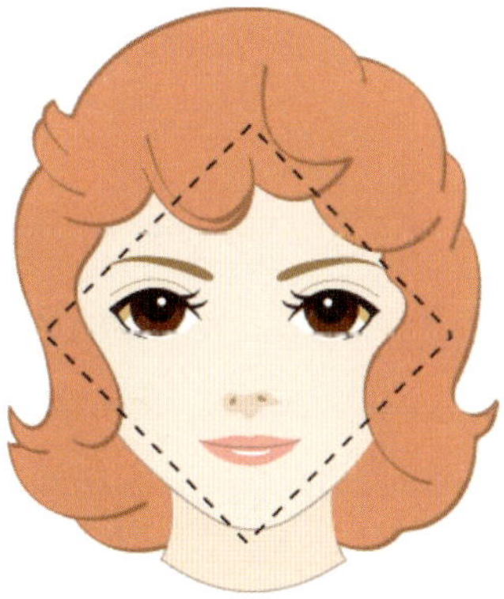

(2) profiles(옆얼굴)

헤어스타일(hair style)을 연출 할 때 고객의 옆모습 또한 중요한 지표를 가진다.

1 안면이 곧바른 형

① 직선 옆얼굴(straight profile)

가장 이상적인 얼굴형이며 오목하거나 볼록하지 않은 일반적인 형태이다.

2 안면이 오목한 형

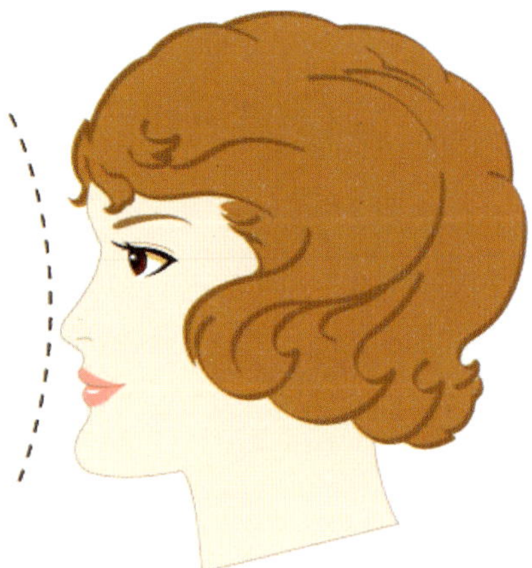

② 오목한 옆얼굴, 돌출한 턱 (concave, prominent chin)

목덜미에 있는 머리카락을 귀 쪽으로 유동성(a flow)을 주는 스타일(style)이 요구된다.

3 안면이 볼록한 형

③ 볼록한 옆얼굴, 쑥 들어간 이마, 돌출된 코, 쑥 들어간 턱(convex, receding forehead, prominent nose, and receding chin)

이마에 컬 또는 뱅(curl or bang)을 주면서 목(nape)에서 두상(head) 가까운 곳에 스타일(style)을 만든다.

4 낮은 이마, 튀어나온 턱

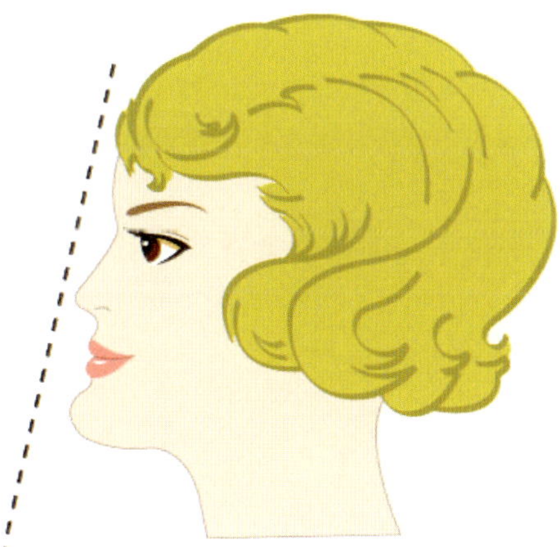

④ 들어간 이마, 튀어나온 턱 (low forehead, protruding chin)

높이가 있는 풍성한 앞머리를 이마에 창조하고, 관자놀이(s.p)에 있는 머리다발(hair strand)을 위로 쓸어 올리면 얼굴이 길어 보인다. 목선의 부드러운 컬(curl)은 턱 선을 부드럽게 표현해 주며, 턱선 보다 더 낮거나 더 높은 헤어 라인(hair line, guide)을 고려해 주어야 한다. 목선에서 헤어 라인(hair line)이 생기면 튀어나온 턱을 더 강조한다.

(3) eyes(눈)

눈은 얼굴의 초점이 되는 부분으로서 고객의 눈에 가장 어울리는 헤어 스타일(hair style)을 창조해야 한다. 대체로 눈 사이가 넓은 사람은 머리의 흐름을 얼굴 쪽으로 모아주는 것이 좋으며, 눈 사이가 좁은 사람은 답답해 보이지 않도록 얼굴을 드러내어 다른 부분에 웨이브를 주어 눈길을 그쪽으로 유도하는 것이 좋다.

① 눈과 눈 사이가 먼 눈(wide-set eyes, 벌어진 눈)

주로 둥근 얼굴이나 사각형 얼굴에서 나타난다. 탑 포인트(top point)의 머리카락과 앞머리 부분의 머리카락은 들어올리고 웨이브(wave)를 넣음으로써 벌어진 효과를 최소화 할 수 있다. 측면의 뱅 스타일(bang style)은 눈 사이의 공간으로 주의를 끌지 않도록 도와준다.

1 눈과 눈 사이가 먼 눈

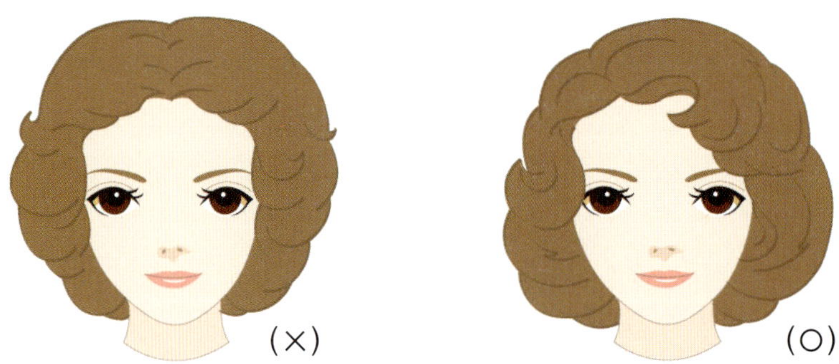

② 눈과 눈 사이가 좁은 눈(close-set eyes)

얼굴이 좁고 긴 얼굴에서 많이 볼 수 있으며, 눈과 눈 사이의 공간이 짧으므로 눈 사이가 멀리 떨어진 것처럼 보이도록 하는 착시현상을 유도해야 한다. 눈꼬리에 쉐도우 포인트(shadow의 point)를 준다. 헤어스타일(hair style)은 얼굴 사이드 옆으로 움직이는 듯 한 컬(curl)을 만들어 주며, 헤어 라인(hair line, guide)은 어깨 위에서 겉마름 형으로 구사한다.

2 눈과 눈 사이가 좁은 눈

(4) nose shapes (코 모양)

코의 모양은 옆얼굴과 밀접한 관계에 있다. 코는 옆모습과 얼굴의 전체 모습 둘 다 고려되어져야 한다. 코가 너무 높다면 앞머리를 내리면서 컬을 주어 볼륨을 만들어 코의 높이를 일시적으로 보이지 않도록 유도한다. 코가 너무 낮은 사람은 되도록 얼굴을 드러내는 것이 좋다.

① 코끝이 위로 치켜진 코(turned-up nose)

이 코의 유형은 대체로 작고, 직선의 옆얼굴과 동행하며, 작은 코는 어린아이 처럼 보인다. 그러므로 헤어스타일을 어른스럽게 표현하며 머리카락은 코에서 귀 까지 헤어라인(hair line)을 이어주면서 머리카락은 얼굴로부터 떨어진 상태로 올려주고 탑 부분 헤어(top part의 hair)는 이마에서 쓸어 올린 스타일(style)을 창조한다. 이는 짧은 코를 길게 보이도록 하는 착시 현상을 연출할 수 있다.

1 코끝이 위로 치켜진 코

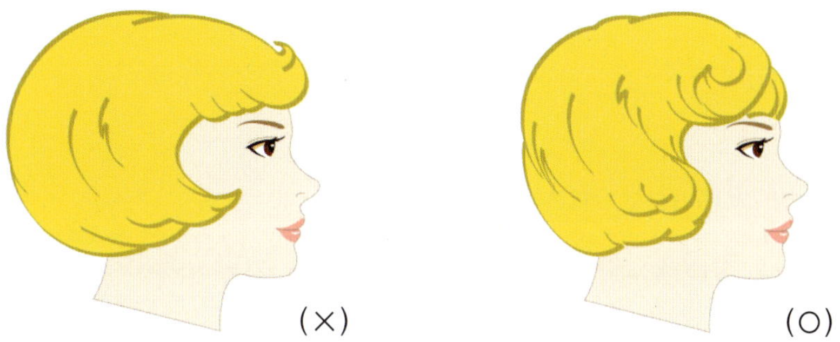

② 두드러진 코(prominent nose)

코에 시선이 가지 않도록 이마 앞쪽에 뱅(bang)을 주며 얼굴선은 부드러움을 주는 스타일(style)을 구사한다.

2 두드러진 코

③ 삐뚤어진 코(crooked nose)

눈에 잘 띄는 구부러진 코를 최소화하기 위해서는 눈의 시선이 갈 수 있는(얼굴의 중앙 부분에서 떨어진 곳에-) 비대칭 스타일(asymmetry style)을 한다. 이는 너무나 균형이 잘 잡힌 헤어스타일(hair style)은 얼굴이 평범하지 않은 것을 더 두드러지게 하기 때문이다.

ㅋ 삐뚤어진 코

④ 넓고 평평한 코(wide, flat nose)

넓고 평평한 코는 얼굴을 넓게 보이게 하는 경향이 있다. 헤어라인(hair line)을 얼굴에서 멀리 떨어지게 하면, 코로부터 주의를 멀리할 수 있으므로 코(중앙부분)가 가늘어 보일 수 있다.

ㄴ 넓고 평평한 코

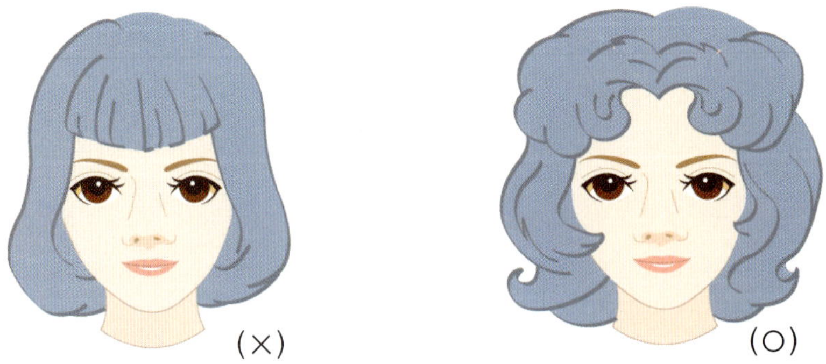

(5) 이마

이마의 형태는 다양하다. 그러나 크게 좁은 이마와 넓은 이마의 구분이 보편적이다.

① 좁은 이마

이마를 전부 내보이는 스타일은 피하고 옆가르마를 이용해 이마를 살짝 내보이는 스타일이 적합하다. 또는 앞머리에 볼륨을 주어 앞머리가 이마를 가리면서도 답답해 보이지 않도록 한다.

② 넓은 이마

좁은 이마와 마찬가지로 이마를 전부 보여주지 않고 살짝살짝 보이도록 한다.

(6) 턱

턱이 유난히 길거나 튀어나왔다면 턱 부분에 신경을 쓰는 것이 좋다. 턱은 얼굴의 인상을 만드는데 중요하므로 부드러운 인상을 줄 수 있도록 한다. 턱이 크다고 전보 가릴 수는 없으므로 몇 가닥의 모발이나 자연스런 모발의 흐름을 이용하여 부분적으로 가리거나, 턱을 깔끔하게 드러내면서 시선을 다른 쪽으로 유도하면 된다. 예를 들어 머리윗부분에 큰 웨이브를 형성 한다던가 볼륨을 주어 시선을 올려주는 것이 좋다.

(7) 귀

귀는 대부분 그 사람의 얼굴에 맞도록 되어 있으나 얼굴이 작은 사람이 유난히 귀가 커서 보기 싫다면 헤어스타일로 귀를 가려주도록 한다. 그러나 무턱대고 다 덮어 주는 것보다는 살짝살짝 가려주는 것이 더 적합하고 아름답게 보이므로 항상 귀부분을 유의하여 스타일 구상을 한다.

(8) head shapes(두상 모양)

고객의 두상형태는 다른 신체 특징처럼 개성을 가진다. 얼굴처럼 계란형이 가장 이상적인 형태로서 디자인을 구상할 때 표준형으로 작용한다. 단 두상에 높낮이가 있다면 계란형의 두상에 맞게 내려주거나 올려 주어야 한다.

1 타원형

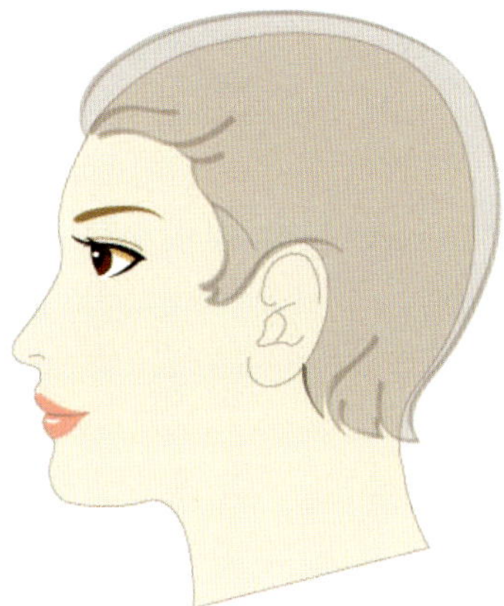

2 두상이 좁고 뒤가 납작한 형

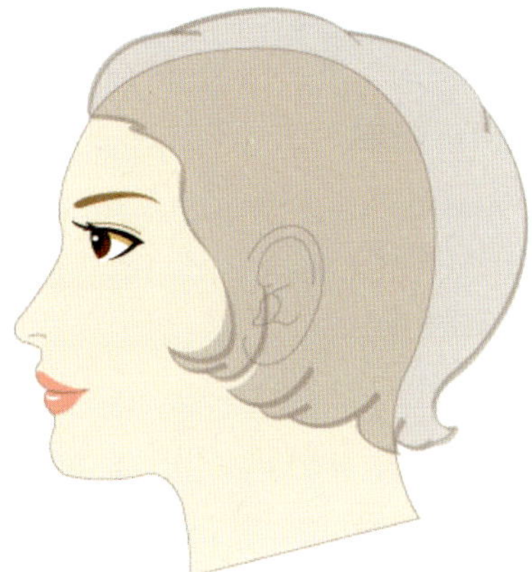

3 크라운이 납작한 형

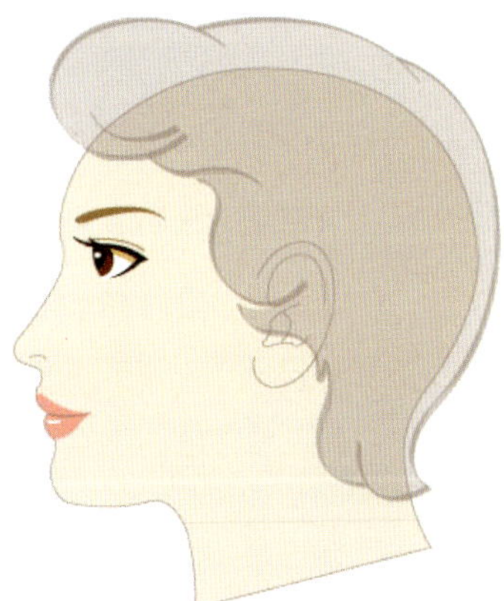

4 톱이 납작한 형

5 두상이 뒤로 튀어나온형

6 두상이 작은형

(9) 목선

1 목이 짧고 통통한 목

① 목이 짧고 통통함(plump with short neck)

목이 길어 보이도록 헤어스타일(hair style)은 위로 쓸어 올리고 두상(head)의 탑 포인트(top point)에 높이(volume)를 준다. 수평선을 가진 헤어스타일(hair style)과 목 뒷부분(occiput)이 풍만한 스타일(style)은 피한다.

2 길고 가는 목

② 길고 가는 목(long thin neck)

긴 목을 최소화하기 위해서 목선이 들어 나는 것보다 부드러운 웨이브(wave)로서 목을 두텁게 덮는 스타일(style)을 연출하며, 목까지 머리카락(hair)이 내려오게 하여서 헤어스타일(hair style)이 풍성해 보이도록 한다.

(10) uneven feature(불규칙한 얼굴선)

눈에 띄는 단점들을 최소한으로 줄여주는데 적당한 헤어스타일을 선택하면 단점을 보완시킬 수 있다. 이러한 고객을 위해서는 필요한 헤어스타일은 튀어나온 곳을 감추어 줄 수 있고 부드러운 효과를 내주기 위한 디자인 구상이 필요하다. 그러려면 얼굴의 양쪽 사이드를 고르게 보이도록 하여 불완전한 특징으로부터 시선을 끌 수 있는 style을 창출 해내야 한다.

(11) 안경 쓴 사람들을 위한 hair(styling for people who wear glasses)

안경을 착용한 사람들은 헤어스타일이나 메이크업에서 특별한 방법을 가진다. 안경 낀 사람들에게 필요한 기본적인 몸단장 수칙은 다음과 같다. 즉 진한 눈 화장은 눈 색깔과 아름다운 눈의 특징을 방해하므로 연하게 해야 하며, 헤어스타일은 얼굴 주위로 자연스럽게 흘러내리도록 연출하고 안경을 쉽게 썼다, 벗었다 할 수 있도록 해야 한다. 따라서 너무 단정(tight)하게 올림머리 한 것은 안경 쓴 사람에게 비실용적이다.

① 둥근형, 계란형, 사각형 얼굴(the round, oval or square face)

· 안경(glasses) : 눈이 큰 사람은 안경테가 얇고 렌즈가 큰 것을 착용한다. 이는 안경을 써도 눈이 보이고 메이크업이 보이기 때문이다. 안경테의 색깔은 헤어의 색과 어울리는 것을 선택한다.
· 앞머리(bangs) : 자연스럽게 눈썹까지 흘러내린 앞머리가 가장 잘 어울린다.
· 액세서리(jewelry) : 귀고리는 아래로 쳐지는 형으로 긴 것을 착용한다.

1 둥근형, 계란형, 사각형 얼굴

② 하트형, 다이아몬드형 얼굴(the heart or diamond shaped face)

· 안경(glasses) : 안경테는 눈썹 부분의 굵기보다 얇고(thickness) 얼굴과 상반되게 부드러운 모양을 선택한다.
· 메이크업(make-up) : 밝은 색을 사용하고 눈의 화장(make-up)은 섬세하게 표현한다.
· 헤어스타일(hair style) : 풍성한 페이지 보이 스타일(page boy style)이나 얼굴 아랫부분의 머리카락(hair)을 풍성하게 볼륨감을 주어 표현한다.
· 앞머리(bangs) : 앞머리 뱅은 중앙 가르마(c.p)점에 볼륨(volume)을 준 S자 형 컬(curl)을 만들어 주면서 턱 선의 헤어 라인(hair line)과 연결시킨다.

2 하트형, 다이아몬드형 얼굴

③ 작고 좁은 계란형(the small, narrow or oval face)

· 안경(glasses) : 장식이 많지 않은 유행하는 테로서 다른 얼굴보다 큰 것을 착용 한다.
· 메이크업(make-up) : 눈은 안경에 의해서 확대되어 보여지므로 자연스러운 톤의 적절한 눈 화장은 아름답고 반짝거리는 눈을 강조해 준다.
· 헤어스타일(hair style) : 부분적으로 얼굴이 섬세하므로 헤어스타일(hair style)을 구사하는 데 부피감을 주는 스타일(style)을 창조하여 긴 머리보다 짧은 머리 스타일이 어울리며, 사이드(side)에는 굵고 강한 웨이브(deep wave)로서 표현하며, 안경테의 다리가 자유롭게 움직일 수 있도록 여유를 주는 컬(curl)을 연출한다.
· 앞머리(bangs) : 눈이 드러날 수 있도록 이마에서 사이드를 향해 올린다.

3 하트형, 다이아몬드형 얼굴

④ 사다리형 얼굴(the pear-shaped face)

· 안경(glasses) : 메이크업한 눈을 드러내기 위해 타원형(oval-shaped)의 안경을 쓴다.
· 헤어스타일(hair style)과 메이크업(make-up) : 땅콩형 얼굴 윤곽은 길이를 강조하는 것이므로 머리카락(hair)을 얼굴로부터 떨어지게 올려준다. 크라운(crown)부분의 앞머리(top front)는 높이를 주는 헤어스타일(hair style)로 부드러운 부팡 스타일(bouffant styling), 뺨(cheeks) 안쪽 볼 부분에 볼 터치(cheek touch)를 함으로써 얼굴 넓이를 줄인다.
· 앞머리(bangs) : 한쪽 측면 위로 웨이브(wave)를 형성시키거나 이마를 다 드러내고 얼굴의 볼과 턱 선이 드러나지 않는 얼굴을 향한 컬(curl)을 구사한다.

4 하트형, 다이아몬드형 얼굴

(12) 가르마(hair partings)

가르마(Hair part)는 헤어스타일(hair style)에 있어서 얼굴표정을 살리는 것만큼 중요하다. 위치별로 중심 나누기, 왼쪽 나누기, 오른쪽 나누기, 전체 내리기, 전체 넘기기로 나뉘는데 어느 쪽으로 할 것인가는 얼굴의 형태를 자세히 관찰하고 두상의 골격도 고려하여 아름다운 디자인을 구상한다. 시선이 가르마 쪽으로 이동하므로 얼굴형을 넓게, 혹은 좁게 보여 지는 시각효과를 연출한다.

① 앞머리(bang)를 위한 parting : 직사각형 또는 삼각형의 가르마는 보통 유아틱(children' s)한 뱅(bang)에 사용된다.
② 삼각형 파트(triangular parting) : 관자놀이에 숱이 적은 사람에게 적용시킨다.
③ 사선 가르마(diagonal part) : 둥글거나 각진 얼굴에 높이를 준다.
④ 둥근 사각형의 가르마(curved rectangular part) : 헤어라인(hair line)이나 이마(fore-head)의 넓이를 줄이기 위해 사용된다.
⑤ 중간 가르마(center part) : 중간 가르마는 고전적이며, 보통 계란형이 사용되나, 얼굴이 넓거나, 둥글거나, 하트 모양에는 계란형(oval facial type)처럼 보이도록 착시현상을 연출한다. 앞머리가 있는 유아틱한 헤어스타일에도 어울린다.
⑥ 감춰진 가르마(concealed part) : 가르마를 정확히 나누지 않음으로써 높이와 한쪽 편에 스타일 효과를 위해 사용되어진다.
⑦ 옆 가르마(side part) : 한쪽 편(6:4, 7:3, 8:2)으로 치우치는 스타일을 위해 사용되며, 만약 고객이 이마가 넓다면 한쪽 편이 높아지도록 모발의 양이 많아진다. 삼각형, 둥근 형, 사각형 얼굴은 낮은 측면 가르마나 사선 가르마가 필요하다.

4) 지 · 정 · 의 삼분법에 의한 개성미학

(1) 면의 삼분법

① 상하의 삼분법

· 상부에 있으면 … 우아하고, 귀하며, 지적으로 보인다. (지, 기호 = ○)
· 중간에 있으면 … 순하고, 명랑하며, 낭만적으로 보인다. (정, 기호 = ×)
· 하부에 있으면 … 무거운 느낌, 침착, 힘이 있어 보인다. (의, 기호 = □)

② 가로의 삼분법

가로 폭 중에서 중심부가 강할 경우는 사색적이고 지적(○)으로 보이며, 양단이 강하면 힘차고, 의지력(□)이 생기고, 그의 중간이 강하면 제일 순한(×)인상이 된다. 인간의 심적 요소로서 중심에서 좌우로 지=○, 정=×, 의=□로 된다.

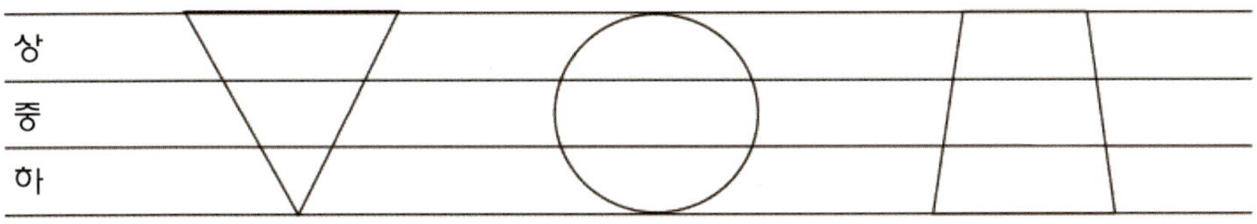

(얼굴의 삼분법) (head의 삼분법)

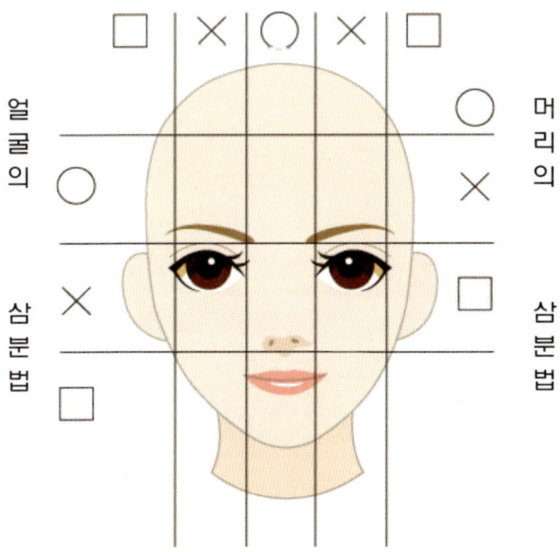

(옆 얼굴의 삼분법)

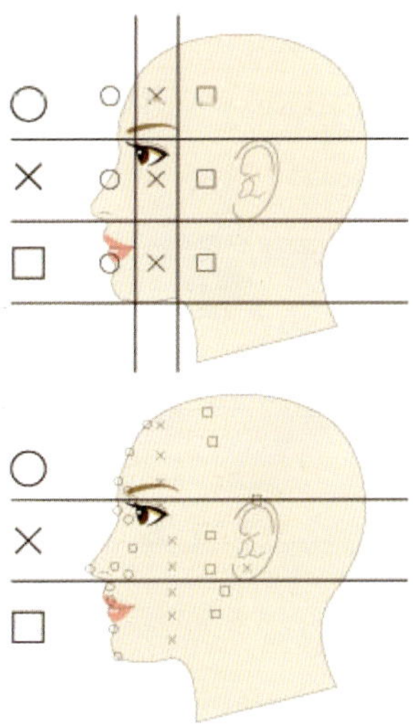

(2) 삼분법 이해

아래 그림에서와 같이 얼굴모양을 상중하 세 부분으로 나눈다면 어느 부분에서 중량감이 있는지 알 수 있는 것이다. 그에 따라 하부가 강하면 안정감이 있어 보일 것이며, 상부가 강하면 불안정하게 보이는 등 시각적으로나 역학적으로도 분석이 확실하다. 이와 같이 모양을 셋으로 분할하거나 분석하는 것이 삼분법이다.

① 지=○

지가 강하면 부교감 신경이 자극되어 생각이 깊어진다.
「생각하는 일」(인상) 지적, 품위, 기품, 총명, 현명, 위엄, 권력적, 계획성

② 정=×

정이 강하면 교감신경이 자극되어 냉정한 사고력을 잃고 감정적으로 된다.
「느끼는 일」(인상) 온화함, 순정, 명랑, 낭만적, 적극성, 자신감, 정열적

③ 의=□

의가 강하면 삼차 신경이 자극되어 근육의 움직임이 활발해진다.
「행하는 일」(인상) 행동적, 의지적, 견실, 성실, 중량감, 침착성, 안정감

(3) hair style의 삼분법

헤어스타일의 삼분법은 볼륨(volume), 라인(line), 포인트(point)로 나눌 수 있다. 볼륨(volume)의 삼분법은 그 위치, 장소를 표시하며, 부분적인 느낌의 양을 분석하는 데에 사용되므로 얼굴의 삼분법과 함께 사용된다.

(4) 얼굴표정에 따른 헤어스타일

사람의 표정은 스스로의 마음을 표현시키는 것으로 기쁠 때는 웃는 얼굴, 슬플 때는 우는 얼굴로, 싫을 때는 찡그리는 모습으로 그 사람의 그때의 심리상태나 감정을 나타낸다. 따라서 우선 얼굴표정을 파악한 후에 결점을 보완하고 장점을 살리도록 해야 한다. 아무런 표정 없이 자연스럽게 있을 때의 표정을 고정표정이라고 한다. 이때 그 사람 본래의 심리상태가 드러난다. 순간 웃는 표정은 화장을 했을 때의 얼굴표정으로 여성특유의 기법이며 표현된 선과 색조에 의해 심리상태를 알 수 있다.

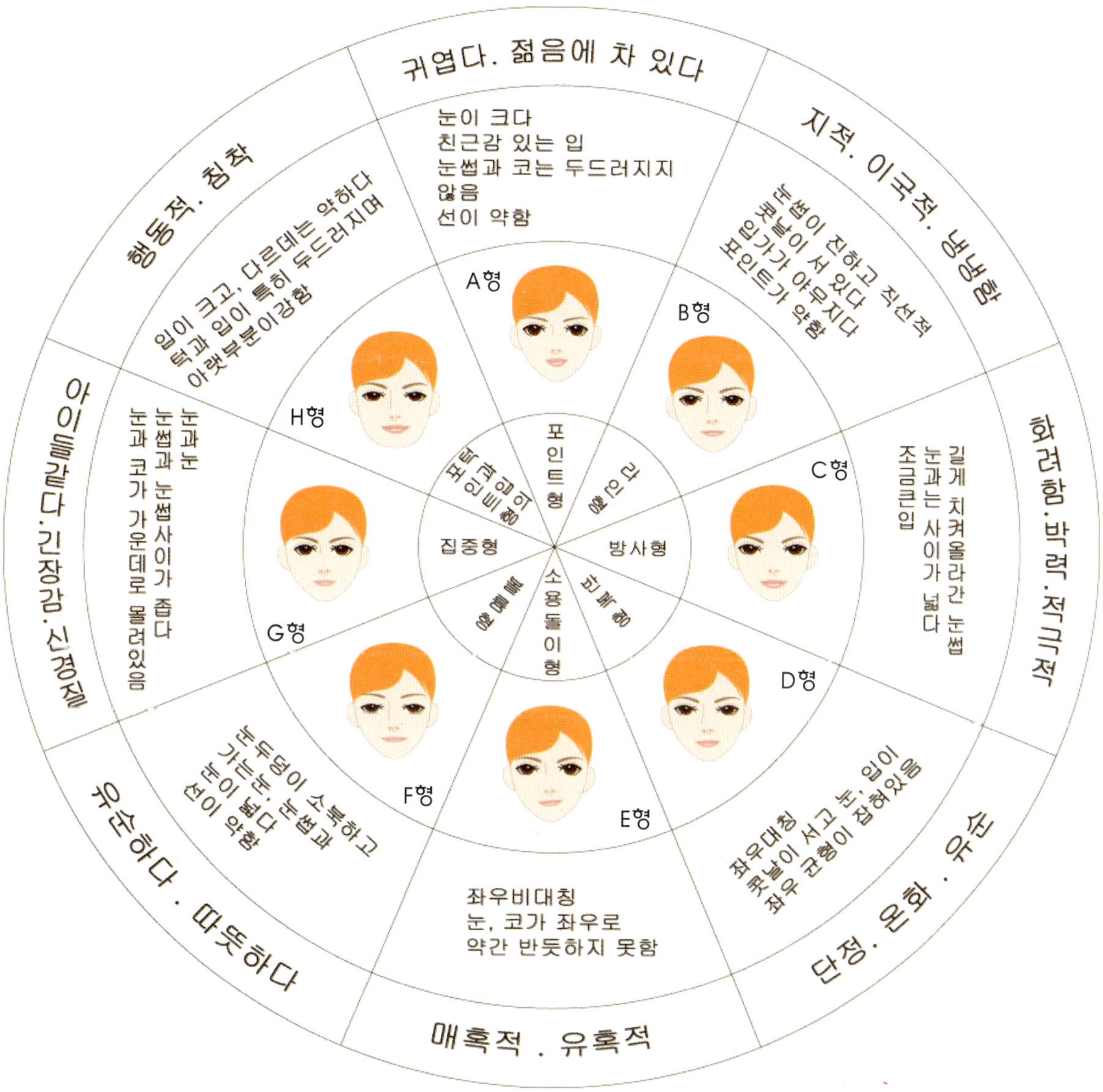

① A형의 얼굴표정과 헤어스타일

point가 강하나 line이 약한 구도로서 눈이 크며, 입매가 친근감이 들며 눈썹과 코의 선이 약한 얼굴이다. 귀여움, 순정적, 낭만적, 명랑, 친절, 상냥, 유순하여서 사람을 잘 따르는 인상을 가졌다.

㉠ 헤어의 특징

포인트(point)가 강한 구성

㉡ 스타일의 감성

젊게 보인다. 예쁘게 보인다. 심플(simple)하다. 이마를 가리기 때문에 얼굴에 품위를 높이거나, 지적인 인상을 연출하지 못한다. 헤어 라인(hair line)의 흐름이 대칭형이 되므로 디자인(design)이 단순해 보인다.

㉢ 스타일의 포인트

모발(hair)에 광택 감과 질감을 부여해야 하며, 눈이 크고, 포인트가 강한 얼굴에 디자인한다.

㉣ 얼굴표정에 따른 메이크업

- 고정표정 : 눈이 크며, 엑센트(accent)의 중심이 얼굴형으로 눈썹과 코가 두드러지지 않으며 큰 눈이 인상에 강하게 남는다.
- 순간표정 : 눈을 크게 떠서 굴리거나 눈썹을 올리거나 하여 눈으로 이야기하는 것처럼 한다.
- 메이크업 표정 : eye line, eye shadow로 눈의 메이크업을 강조하며, 눈썹은 흐리게 입매는 귀엽고 아랫입술을 강조한다.
- 안경 : 장식용으로 착용한다.
- 접객 : A형을 가진 사람은 자신을 주목해 주기를 원하므로 심리적으로 만족시키되, 감수성이 예민하므로 지나친 칭찬은 금물

A형의 헤어스타일

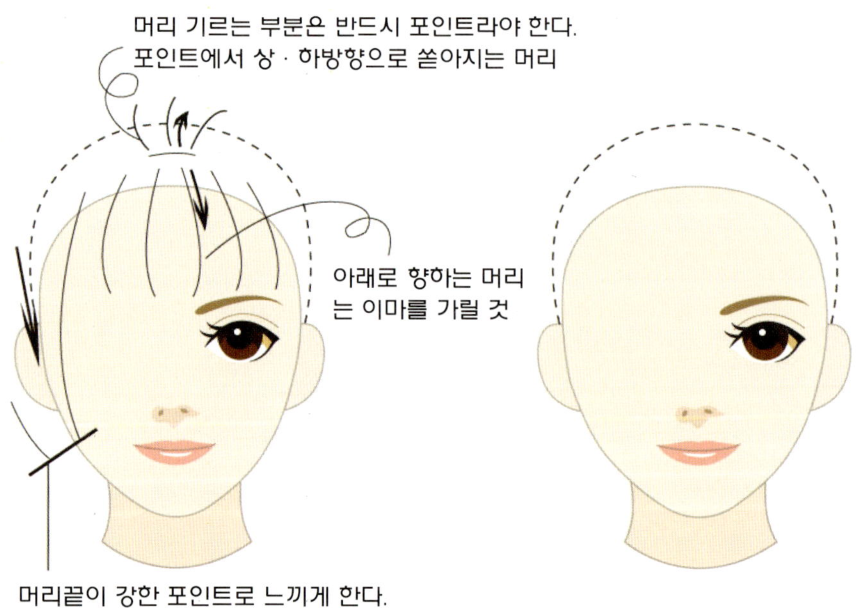

② B형의 얼굴표정과 헤어스타일

직선이 강한 선을 느끼는 구도, 눈썹이 진하고 직선적, 콧등 선이 마르고 눈과 눈썹이 가까이 있거나 움푹 들어가 입을 꽉 다물고 있는 것처럼 보이는 얼굴

㉠ 헤어의 특징

강한 사선에 의한 구성의 헤어스타일

㉡ 스타일의 감성

얼굴형의 그늘짐에 의해 사색적이고 사려 깊은 인상을 준다. 비대칭의 hair style에 의해 그늘짐에 의한 분위기를 연출하는 스타일로, 얼굴에 그림자가 깃들여져 굴곡이 깊어 보이며 이국적인 인상을 준다.

㉢ 스타일의 포인트

눈썹과 코의 선이 강한 얼굴형에 가장 잘 어울린다. 가르마(part)를 코의 경사나 눈의 강한 부분에다 하면 젊게 보이면서 잘 어울린다.

㉣ 어울리는 얼굴형

B형, D형, E형, G형

㉤ 얼굴표정에 따른 메이크업

- 고정표정 : 눈과 눈썹 사이가 가까우므로 눈꺼풀이 좁아 눈을 차갑게 반짝이고 있는 것 같으며, 눈썹과 코의 선이 강하고 입술이 얇게 느껴지며 입술을 다물고 있는 것 같아 전체적으로 온화함이 적어 보인다.
- 순간표정 : 입을 크게 벌리지 않고 눈썹을 찡그리며 이야기한다.
- 메이크업 표정 : 눈썹을 약간 굵게 직선적으로 또는 아치형으로 선명하게, 아이라인(eye line)은 윗 눈꺼풀에만 강하게 그린다.
- 안경 : 안경테의 상부가 강한 안경을 쓴다(눈과 눈썹의 사이가 좁고 패인 눈꺼풀 눈이 방정한 분위기를 준다).
- 접객 : 의심이 많으나 지성적이며 합리적으로 생각이 깊다.

B형의 헤어스타일

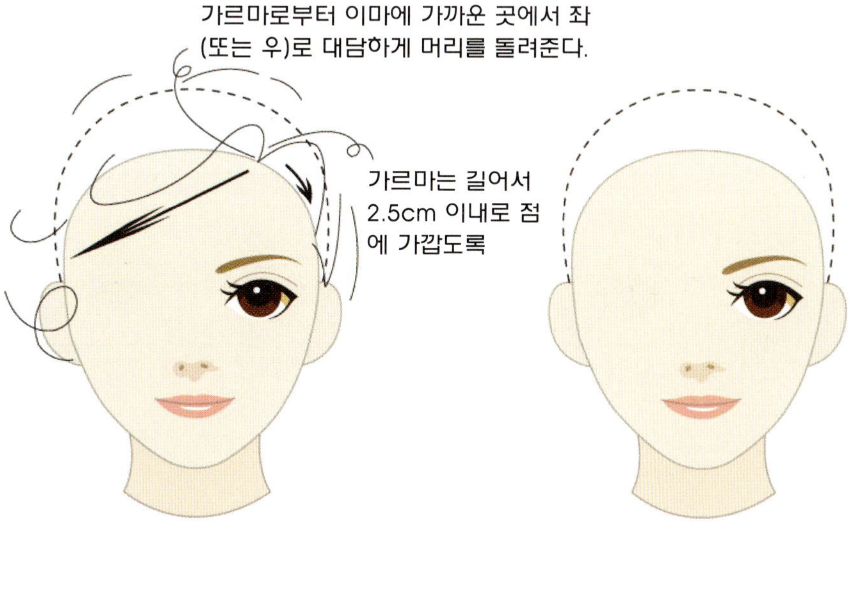

③ C형의 얼굴표정과 헤어스타일

선이 방사(확산)하는 느낌으로 길게 위로 매달려 있는 눈썹, 넓은 눈과 눈 사이의 거리가 넓으며, 표준 입술보다 좀 크다. 화려함과 박력이 있어서 긴치마가 잘 어울린다.

㉠ 헤어의 특징

방사의 선이 강하다

㉡ 스타일의 감성

화려함, 박력, 적극적인 인상을 준다. 가르마(parting)나 모발(hair)의 모간 끝이 강하지 못하고 너풀거리면 나이가 들어 보인다.

㉢ 스타일의 포인트

모발의 볼륨이나 윤기보다도 선을 강조해야 한다. 표정이 변화무쌍한 얼굴형에 어울리며, 눈썹이나 아이라인을 강하게 강조.

㉣ 어울리는 얼굴형

A형, C형, D형, H형

㉤ 얼굴표정에 따른 메이크업

- 고정표정 : 눈과 눈썹고리가 치켜 올라가 있고, 가로로 당기는 것처럼 힘이든 쾌활한 표정(상냥하고 웃긴 얼굴)
- 순간표정 : 때로는 쾌활하게 과장된 표정을 짓는다.
- 메이크업 표정 : 눈썹을 길게, 아이 라인(eye line)은 굵고 진하게 그리며, 인조 눈썹은 큰 것으로 붙이고 마스카라(mascara)로 눈썹을 강조시키며, 립 라이너(lip liner)로 입술라인을 옆으로 강조한다.
- 안경 : 얼굴보다 큰 안경이나 안경테의 이음새 부분이 양단에 장식이 있는 테를 사용
- 접객 : 자기 표시 욕이 강하며 매사 적극적이기도 하고 공격적인 태도도 취한다.

C형의 헤어스타일

④ D형의 얼굴표정과 헤어스타일

좌우대칭으로 반복 감이 강하며 콧등 선이 마르고 그 코를 중심으로 눈썹, 눈, 입술이 좌우로 균형이 잡힌 표정, 단정, 성실, 온화, 유순하고 우아한 인상으로 정장이 잘 어울리는 인상이다.

㉠ 헤어의 특징

명확한 파팅이 없으므로 좌우 똑같이 반복되는 선이 강하게 구성된 헤어 스타일(hair style)

㉡ 스타일의 감성

단정, 성실, 깔끔한 분위기를 준다. 수수한 느낌을 주는 스타일이다. 가르마(parting)에서 헤어스타일(hair style)은 두르러지지만 나이가 들어 보인다.

㉢ 스타일의 포인트

가르마(parting)의 위치에 따라 분위기가 변할 수 있다. 중심부(지적이며 점잖음), 곡선부(부드러움), 6:4 가르마(우아함), 9 : 1 가르마(늠름함), 굵은 가르마(뚜렷함)

㉣ 어울리는 얼굴형

B형, C형, D형, F형, G형

㉤ 얼굴표정에 따른 메이크업

- 고정표정 : 코는 오똑하나 온화하여 좌우대칭이 있으며, 결점이 없어 오히려 개성이 약하다고 할 정도이다.
- 순간표정 : 별 변화가 없는 표정이다.
- 메이크업 표정 : 좌우대칭이므로 표준적인 make-up이다.
- 안경 : 테도 일정한 굵기를 선택
- 접객 : soft mood, 모나지 않는 대인관계를 유지하지만「자아 의식」이 강하다.

D형의 헤어스타일

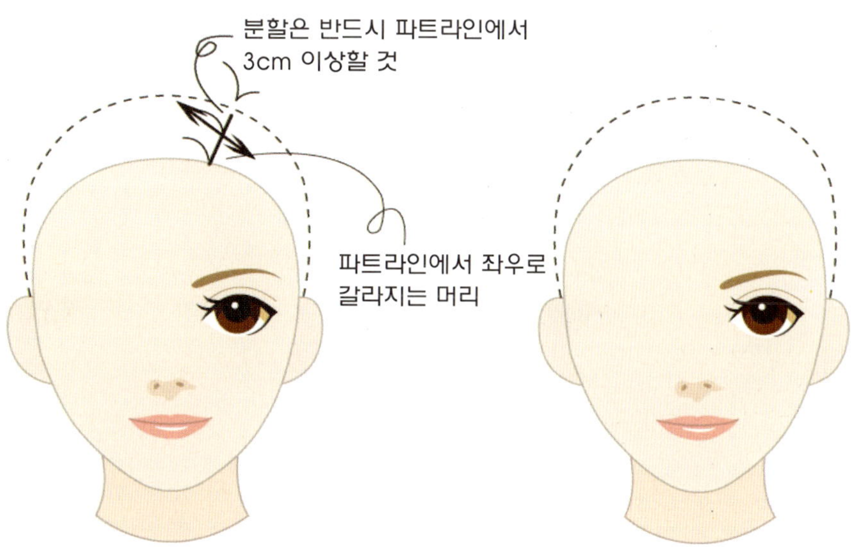

⑤ E형의 얼굴표정과 헤어스타일

좌우비대칭형(asymmetric)으로서 소용돌이가 느껴지는 구도, 눈, 코의 균형이 맞지 않는다. 매혹적, 섹시한 내숭, 온건함, 깊은 인상을 준다. 스트레이트(straight)형의 헤어스타일은 얼굴이 휘어져 보인다. 의상은 겹쳐지는 컬러(color)형이 어울린다.

㉠ 헤어의 특징

좌우비대칭형으로서 소용돌이 모양의 선이 강한 헤어스타일이다.

㉡ 스타일의 감성

회오리치는 스타일로서 매력적, 매혹적, 유혹적인 분위기를 연출한다.

㉢ 스타일의 포인트

헤어스타일은 작은 것보다는 큰 스타일이 매혹 감을 준다. 약간 얼굴색이 흰 사람에게 어울리며, 주름진 얼굴에는 어울리지 않는다.

㉣ 어울리는 얼굴형

A형, B형, C형,D형

㉤ 얼굴표정에 따른 메이크업

- 고정표정 : 눈의 모양이 다르다. 코의 구부러짐이 눈에 띄며, 입매도 한 쪽으로 치우쳐 있는 약간 흐트러진 표정
- 순간표정 : 항상 미소 띤 유순함이 깃든 입매로서 사람을 매료하려고 하며, 마치 윙크하는 표정
- 메이크업 표정 : 눈썹 또는 아이라인(eye line)을 길게 웨이브(wave)형으로 그리고 좌우 어느 한쪽을 치켜 올려서 균형을 개준다. 입술 펜슬로 아랫입술을 강조하여 매력 있는 메이크업(make-up)을 시술
- 안경 : 반투명 테의 굴곡이 심한 것을 착용하면 입매와 눈이 매력적인 분위기를 만들어 준다.
- 접객 : 기분파이며, 반대되는 언동이 있으므로 조심스럽게 대한다.

E형의 헤어스타일

⑥ F형의 얼굴표정과 헤어스타일

선이 약하나 볼륨(volume)이 있는 구도로서 눈과 눈썹사이가 넓고, 눈두덩이가 수북하며 힘없는 긴 눈이고 전체적으로 부드럽다. 조용, 유순, 부정, 모성적이며 따뜻한 인상이다. 맨 얼굴에서는 무늬가 큰 것을 착용하지 않고 앞머리(bang)는 내리지 않는 스타일이 좋다.

㉠ 헤어의 특징

점잖으면서 차분한 가정적인 분위기를 주는 헤어스타일이다. 프론트(front)부분의 볼륨(volume)은 점잖고 사이드 헤어라인(side hair line)의 가장자리는 차분한 느낌을 준다.

㉡ 스타일의 감성

프론트 헤어(front의 hair)의 폭과 양은 이마 크기와 눈썹의 강도에 따라 조절해야 한다. 전체적으로 부드러운 인상의 표정에 잘 어울린다.

㉢ 스타일의 포인트

F형, H형

㉣ 얼굴표정에 따른 메이크업

- 고정표정 : 또렷하지 못한 눈매, 눈썹은 약간 길지만 가늘며, 눈과 눈썹사이가 넓고, 어딘지 모르게 얼굴 전체가 뚜렷하지 못하다.
- 순간표정 : 웃을 때 눈이 가늘어지며, 이야기할 때 눈썹이 올라가고 눈과의 간격이 넓어지는 표정
- 메이크업 표정 : 눈썹이 약간 올라간 듯 그리며, 눈 화장은 하지 않으며 입술 화장은 꼭 해준다.
- 접객 : 조용하고 한가한 분위이며, 남의 도움을 받지 않으려는 성격으로 처음 사귀기는 어려워도 사귀어 놓으면 좋다.

F형의 헤어스타일

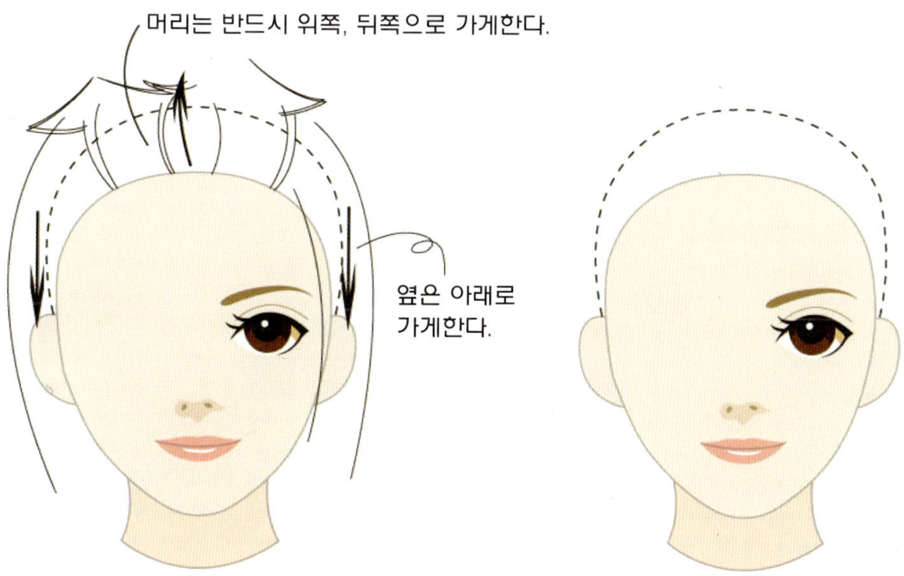

⑦ G형의 얼굴표정과 헤어스타일

중심을 향해서 집중 감이 강하게 느껴지는 구도로서 눈과 눈, 눈썹과 눈썹 사이가 좁으며 코도 입도 작고 입술도 얇다. 코가 얼굴 중심에 몰려 있는 느낌, 어린애 같고 굳어 있으며 신경질적인 어두운 인상, 방사선 style은 매우 차갑게 보이며 집중형 스타일은 얼굴이 상냥해 보인다.

㉠ 헤어의 특징

헤어(hair)부분이 얼굴에 집중된 듯한 헤어스타일이다.

㉡ 스타일의 감성

어린이 같은 분위기를 주며, 젊고 야무진 느낌을 준다.

㉢ 스타일의 포인트

프론트(front)쪽의 모발(hair)폭과 량은 이마부분의 크기와 눈썹의 강도에 따라 조절한다.

㉣ 어울리는 얼굴형

A형, B형, E형, G형

㉤ 얼굴표정에 따른 메이크업

· 고정표정 : 눈과 눈, 미간이 좁으며 이 부분이 움푹 파져 있어 찡그린 표정
· 순간표정 : 습관적으로 눈을 내려 깔며 미간을 찡그리고 입술을 쭉 내미는 표정
· 메이크업 표정 : 눈썹머리를 진하게 그리거나 눈썹을 뽑지 않는 체로 두고, 아이라인을 강하게 하며 노즈 쉐도우(nose shadow)로 코를 가늘고 높게 보이게 한다.
· 안경 : 극단적으로 적거나 안경다리 부분이 매우 반짝이는 것을 쓴다.
· 접객 : 마음을 잘 열지 않으며, 작은 일에도 민감하다.

G형의 헤어스타일

⑧ H형의 얼굴표정과 헤어스타일

아랫부분에 강한 선이 없는 구도, 입술이 크고 타 부분이 약한 표정, 턱과 입이 눈에는 얼굴로서 인상이 듬직하고, 행동적, 침착하고 무게 있는 인상

㉠ 헤어의 특징

탑(top)쪽으로 향하는 선의 구성이 강한 헤어스타일이다.

㉡ 스타일의 감성

자신 있고 점잖음과 믿음직한 분위기를 준다. 두상(head)의 상부에 볼륨(volume)이 있으므로 지성과 점잖음을 준다. 자신감이 넘쳐 좀 냉정한 인상을 준다.

㉢ 스타일의 포인트

입이 야무진 얼굴형에 어울린다. 얼굴형이 대칭형이므로 헤어스타일(hair style)은 비대칭으로 변화와 은은함을 주도록 한다.

㉣ 어울리는 얼굴형

C형, E형, F형, H형

㉤ 얼굴표정에 따른 메이크업

· 고정표정 : 입술이 크고 입가에 힘이 들어 있어 돋보이며 눈, 코, 눈썹 등의 인상이 약한 표정
· 순간표정 : 턱을 당기고, 입가에 힘을 주는 표정
· 메이크업 표정 : 얼굴의 다른 부분은 별로 화장하지 않고 강렬한 색의 립스틱을 바른다.
· 안경 : 금테, 귀에 거는 다리는 굵은 것으로 하며 남성일 경우 턱수염을 기른다.
· 접객 : 요구사항이 있을 때 강하게 나타내므로 만족시켜주면 좋은 리더로서 협력을 아끼지 않는다.

H형의 헤어스타일

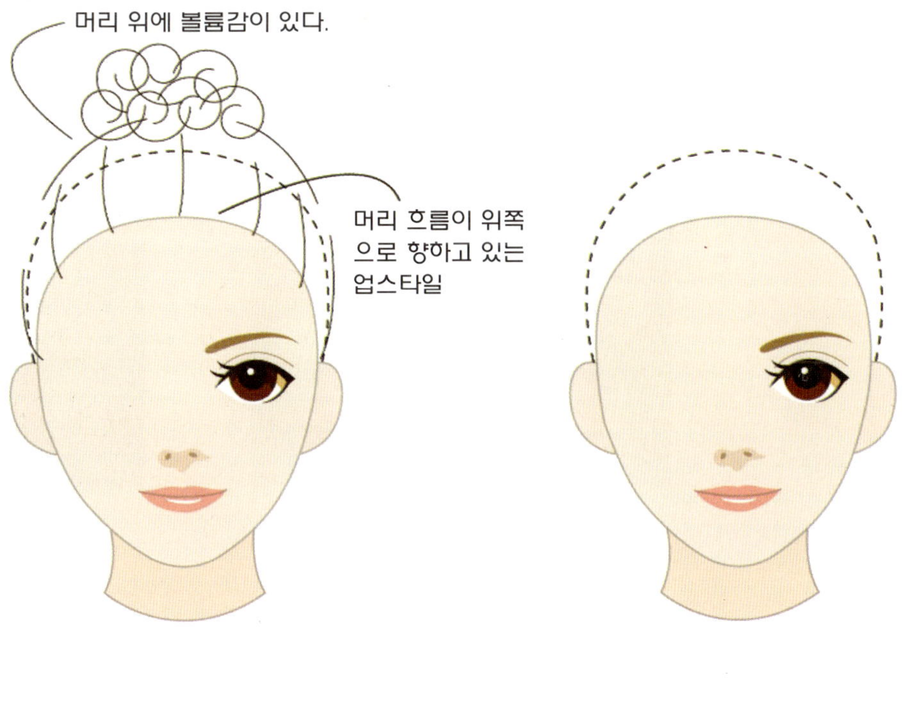

2. 업스타일의 이해

업스타일은 우아함과 여성스러움, 로맨스를 묘사하는 예술형식으로 입체적이고 심미적인 아름다움의 표현과 창출을 위한, Hair Styling의 한 분야라고 할 수 있다. 기능적인 면에서도 다른 분야에 비해 디자인이 강조되고 뛰어난 조형감각이 요구되어짐으로써, 미용분야에 대한 다양한 경험과 일정한 경력이 쌓여졌을 때, 풍부한 감성과 기술적인 테크닉의 조화를 이뤄 작품의 완성도를 높일 수 있는 특징을 갖기도 한다.

업스타일은 고대부터 시대상에 따른 다양한 인간문화의 변천과 맞물려 변모와 발전을 거듭해왔으며, 단순히 아름다움을 위한 장식목적에 그치지 않고, 개인의 신분이나 계급을 정하는 중요한 표시수단으로써의 역할을 병행해 왔다. 특히 17 · 18세기 프랑스를 중심으로, 사교계의 중심인물이었던 부인들의 이름이 붙여진 퐁탕쥬 스타일, 퐁파드루 스타일등을 통해 시대상을 반영한 문화로 자리 매김하며 유행되어졌다.

또한 현대에 와서도 일상생활 속에서의 간단한 데이(day) 업스타일뿐만 아니라, 중요한 의식이나 행사 등에 그 적용범위가 넓어지고 있다. 그에 따라 미적인 감각과 쓰임새의 조화를 통한, 창의적이고 다양한 테크닉이 개발되어지고 있다.

이러한 업스타일의 적용범위는 우리가 보통 업스타일로 이해하고 있는 긴 머리를 묶거나 틀어 올려 장식품과 함께 스타일링 하는 올림머리에서부터 긴 머리 길이를 멋스럽게 연출하는 롱 헤어스타일, 짧은 머리 자체에 컬 형태나 피스 활용을 통한 창작헤어스타일에 이르기까지 매우 다양하게 응용되어질 수 있다. 또한 디자이너 개개인의 역량이나, 일상생활 속에서 체득할 수 있는 아이디어, 소품 활용 등을 통해 독창적이면서 아름다운 작품세계를 자유롭게 발휘할 수 있는 매력적인 전문분야라고 할 수 있다.

퐁탕쥬 – 영국 여왕 메리 4세

퐁파두르 – 루이 14세의 애첩

1) 업스타일의 역사

아름다움을 향한 인간의 욕망은 치장을 통한 개인적 차원의 만족을 넘어 각각의 사회를 읽는 다양한 문화적 코드로 작용하기도 한다. 그러한 치장형태에는 다양한 것 들이 있겠으나 특히 얼굴을 감싸고 있는 머리카락의 형태미나 장식을 위해 들이는 노력이나 집착의 예는 동 · 서양의 역사가운데 무수히 많다.

보통의 경우 신체미의 이상적인 황금비율은 7~8등신을 기준으로 하는 경우가 많다. 여기에 머리높이(크기)가 더해질수록 당연히 이 기준의 비율은 깨지는 것이다. 그럼에도 불구하고 동 · 서양을 막론하고 높은(크기)머리에 대해 병적으로 집착했던 사람들은 어떤 미의식을 머리 형태에 담았을까?

(1) 한국 여인의 고계(高髻)

조선시대 초기에는 유교의 숭상으로 고려시대에 비하여 검소하고 간략해졌으나 중국 명나라의 영향을 받아 점점 가체가 높아지기 시작하고 화려하게 꾸미기를 좋아하게 되었으며, 사치풍조와 이로 인한 폐단이 심하였다. 이 사실을 단적으로 보여주는 예가 정조 때 내려진 '체계금지령'이다. 가체로 인한 고계의 양식이 처음으로 문제되기는 성종 때부터로 '성종실록'에도 '성종이 가체를 좋아하여 사방의 높이가 일척'이었다는 기록이 있다. 궁이나 사대부가의 여인들은 머리의 가체가 크면 클 수록 위상이 정립된다고 생각해 너도나도 앞을 다투어 큰머리를 선호 하였고, 이것은 조선 중기 일반부녀들에게 이어져 가체양식이 크게 유행하였다.

유운홍-기녀도

작자미상- 미인도

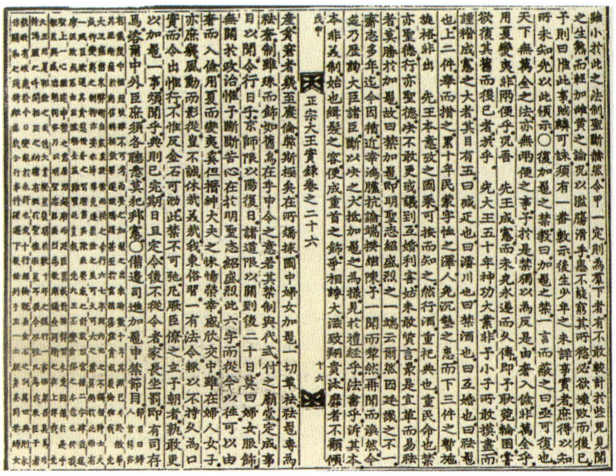

가체신금절목이 실려 있는 정조실록

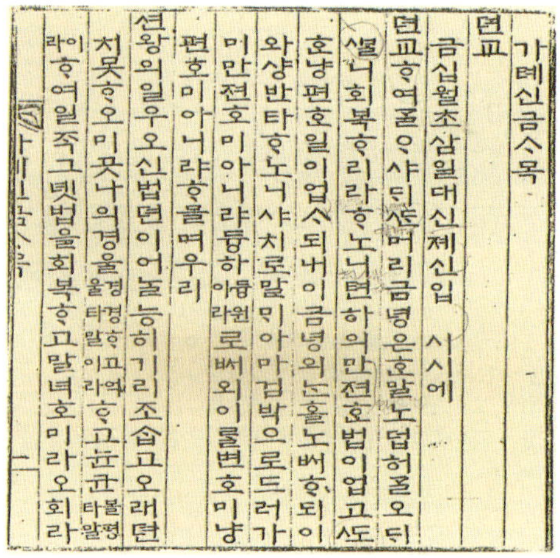

한글로 된 가체신금사목

조선시대 여인들의 머리 형태는 여인들의 가체에 대한 선호도를 가히 짐작하게 한다. 대부분 기녀들의 모습들이 그려져 있는 신윤복을 비롯해 그려진 미인도속의 여인들은 전체적인 신체비례에 무리가 된다고 느낄 정도의 가체를 머리에 이고 있다. 기녀도에서도 거의 본인의 신체길이와 맞먹을 정도의 가체를 머리에 결해 손질하고 있는 모습 속에서도 조선 여인들이 두발장식에 공들인 노력들을 엿 볼 수 있다.

영조 32년에 가체금지법이 내려지지만 영조 39년에 체계금지령이 실효를 거두지 못하고 다시 체계양식으로 돌아가게 되었던 사실을 통해서도 당시의 체계의 습성을 개혁하는 일이 그만큼 어려웠음을 알 수 있다. 이후 정조 12년 '가체금지령을 회복시킨다.'는 교지를 내려 '가체신금절목'을 작성하였다. 그럼에도 불구하고 정조 14년에 '상천여인의 본발한 머리가 처음보다 커져서 이대로 두면 어찌 하는가'라고 걱정한 기록으로나 정조 16년에 발생한 '체계 사기사건'(미용미학과 미용문화사, 2001, p.273~277)을 통해서도 왕명조차도 실효를 거두지 못한 고계에 대한 풍속을 살펴 볼 수 있다.

이러한 가체의 무게는 1~3kg 정도가 된다고 하니, 조선 여인들은 어린 신생아 하나를 잠들기 전 까지 머리에 이고 살았던 것이다. 실제로 가체의 구입으로 인한 사치의 병폐분 아니라 목에 무리가 가는 신체적인 폐해도 컸다고 한다.

(2) 서양 여인들의 높은 머리

서양의 경우 17세기부터 가발은 무겁고 부피도 커지기 시작한다. 루이 14세의 정부였던 퐁탕쥬 공작부인은 사냥에서 돌아오다가 그만 머리카락이 풀어 헤쳐지는 바람에 이를 걷어 올려 자신의 양말대님으로 높이 올려 묶어다는 일화(높은 머리를 퐁탕쥬 스타일이라고 부르기도 한다)가 있다. 바로 다음날 궁정의 모든 여성들이 머리를 양말 대님으로 둘렀다고 한다. 이로부터 머리 모양은 계속 공중을 향해 치솟아 올라 마침내 미용사들은 그것을 금속 구조물로 무장시켰고 부인들은 벼락이 치는 것을 걱정하기에 이르렀다.

18세기 서양 여성들은 높은 머리가 얼마나 아름다운지를 발견했는데, 영국 여성들의 가발 중에는 120센티미터나 되는 것도 있었다. 그들은 특이한 머리장식에 밀가루를 뿌리고 새의 표본과 과일 바구니, 정원, 배 등의 모형으로 장식하여 몇 개월씩 착용하기도 했다. 그런데 가발에 돼지기름을 발라 장식이 떨어지는 것을 막았기 때문에 이나 곤충으로 골치를 썩기도 했다. 프랑스 여성들의 머리는 영국 여성들의 머리보다 훨씬 높았다. 그들은 머리위에 천이나 꽃, 깃털 등으로 높은 탑을 올렸다. 그래서 키작은 여자의 경우에는 아래턱이 몸 전체의 중간에 있는 경우도 허다했다(몸, 샤오춘레이, 2006, p.40~41)고 한다.

이러한 높은(큰-)머리의 주제는 무궁무진했다. 정원적인 풍경, 시사를 담은 대사건, 당시의 크고 작은 이변들이 틀어올린 머리장식의 중요한 영감이 되었다. 머리카락이 요동치는 대양위로 범선이 항해하는가 하면, 작은 머리카락 언덕아래에 연못처럼 보이는 거울위로 오리들이 떠다니기도 했다. 바로 옆에는 잠복한 사냥꾼이 새들을 노려보고 있고 거기서 머리카락 몇 개가 드리워진 언덕위에는 유유히 풍차가 돌고 있었다. 이처럼 지지고, 곱슬하게 하고, 부풀리고, 세우고, 핀을 꽂고, 크림으로 칠하고 가루를 잔뜩 뿌리고, 꽃이나 새들, 깃털, 레이스 등이 부착된 금속 구조물을 얹은머리들은 그야말로 이(蝨)들의 최고 둥지가 되었다. 부인들은 근질근질한 두피의 가려움을 참기 어려워 끝부분이 상아로 된 작은 지팡이를 들고 다녔다(치장의 역사, 베아트리스 퐁타넬, 2004, p.63~65)고 한다.

1789년경 프랑스의 풍자화

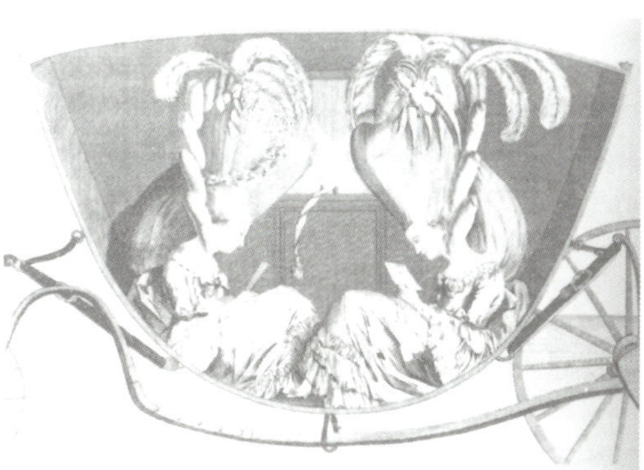

1776년, 파리 국립도서관

2) 업스타일 스케치

(1) 리틀 퐁파둘(Little Pompadour)

퐁파둘(Pompadour)이란 앞머리를 높게 올려서 모자챙과 같이 꾸민 스타일을 총칭하는 말이다. 리틀 퐁파둘 스타일에서는 백 사이드(Back Side)를 최대한 타이트하게 구성하고, 프론트(Front)부분에서는 이마를 산뜻하게 들어내 주면서 구름모양의 풍성한 양감을 주어, 여성스러움과 모던한 분위기를 연출해 준다.

(2) 그랜드 퐁파둘(Grand Pompadour)

그랜드 퐁파둘(Grand Pompadour)은 프론트(Front), 사이드(Side), 백(Back)으로 이어지는 전체의 흐름을 유연하게 균형을 잡아 크라운(Crown)으로 모아주는 구성을 가지며, 특히 프론트(Front)부분에서 얼굴형에 따른 비율이나 디자인의 의도에 따라, 어심매트릭(Asymmetric ; 불균형, 비대칭)적인 연출이 가능하다. 일명 지바고 스타일로서 우아하면서 성숙한 분위기를 연출해 준다.

(3) 롤 스타일(Roll Style)

롤 스타일(Roll Style)이란 머릿단을 말아서 원통형태의 웨이브를 만들고 이 롤로 포인트 위치에 맞게 헤어스타일을 구성하는 것이 기본이다. 얼굴형이나 목선, 또는 두상의 조건에 따라 프론트(Front), 이어 투 이어(Ear to ear), 네이프 라인(Nape line)에 포인트를 두어 페이스 라인(Face line)을 돌아가면서 원통모양으로 양감을 준다.

(4) 시뇽 스타일(Chignon Style)

원래 시뇽(Chignon)이란 말은 "상투"를 의미하는 뜻으로 긴 머리를 여러 개의 가닥으로 나누어 땋아서 모양을 구성하는 스타일을 말하며 사이드 라인에 비해 톱, 프론트부분은 낮고 작게 디자인하는 것이 좋다. 시뇽의 위치와 자연스러운 사이드 라인의 티치에 따라 다양한 분위기를 유도할 수 있다.

(5) 노트 스타일(Knot Style)

노트(Knot Style)란 "머릿단을 동여맨다."란 뜻으로 위치는 프론트, 사이드, 톱, 네이프등 어디에나 가능하며 포인트 위치에 따라 다양한 분위기 연출과 변화를 유도할 수 있다.

(6) 브레이딩 헤어(Braiding Hair)

브레이딩이란 머리카락을 세가닥으로 땋은 머리를 말하는데 시니온이나 노트의 프론트나 사이드에 악센트를 붙여줄 때 사용된다. 입체적인 머리모양을 통해 발랄하고 귀여운 분위기를 연출할 수 있다.

업스타일 기초 이론

1. 디자인 요소
2. 디자인의 시각 원리
3. 업스타일 결정의 고려 사항

학습요점

제2장에서는 좀더 체계적이고 창의적인 디자인구상능력과 디자인 결정 시에 고려되어져야 하는 중요한 사항들을 다루었다.

1. 디자인 요소

1) 형태(Form)

형태는 헤어디자인의 모양을 나타내며 윤곽선이나 실루엣에 의해 결정되어진다. 이것은 모양, 크기, 방향의 구성요소들로 이루어져 있고 이 구성 요소들은 완성된 스타일을 변화시킬 수 있는 중요한 역할을 한다.

1 CIRCLE – 길이, 넓이, 높이가 균등한 비율

2 PROLATE – 길이와 높이가 확장된 타원형

3 OBLATE – 길이와 넓이가 확장된 타원형

(1) 모양(Shape)

형태 내에서 뚜렷한 형체를 만들어 주는 구체화된 형태라고 할 수 있다.

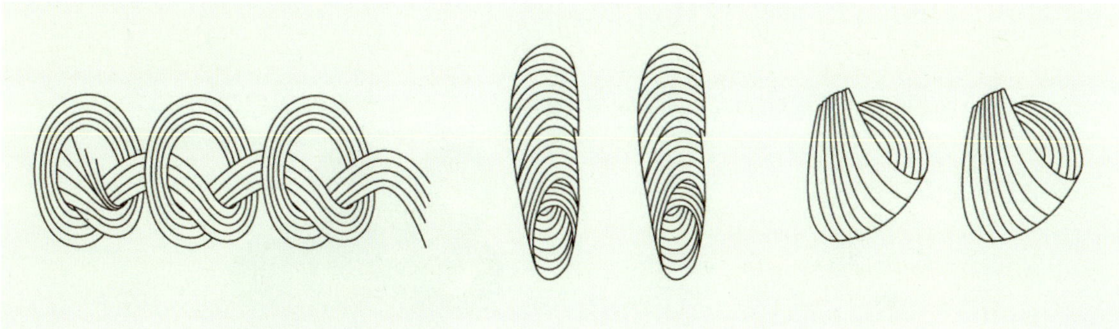

(2) 크기(Size)

각 모양의 크기는 디자인의 분위기에 영향을 줄 수 있으며 형태의 성격을 가장 강하게 시각화 해주기도 한다.

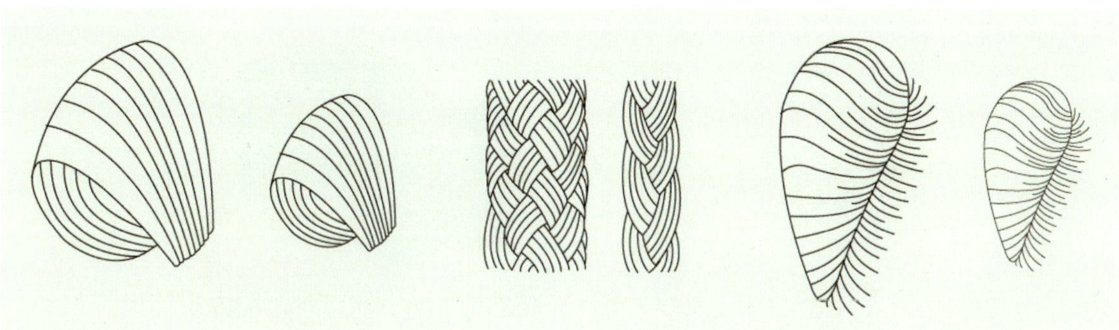

(3) 방향(Direction)

형태의 방향은 어떤 디자인의 모양이나 볼륨의 위치에 의해 이루어진다. 디자인 안에서 머리의 방향은 움직임을 뜻하며 디자인의 역동성에 중요한 역할을 한다.

1 사선방향 – 활동적, 경쾌함, 발랄함

2 수평방향 – 안정, 평온, 단순

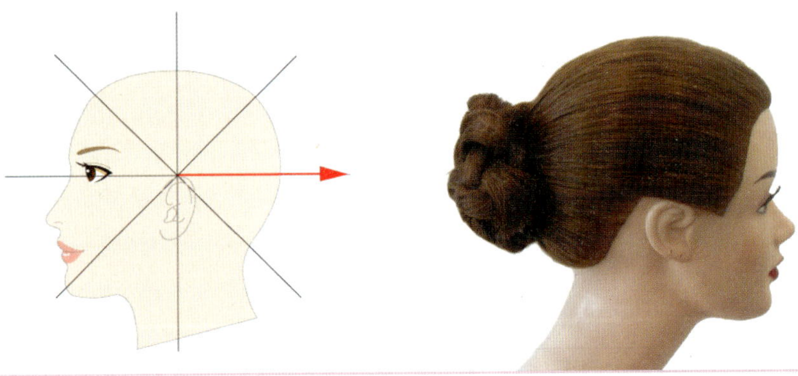

3 수직방향 – 엄격, 위엄, 간결

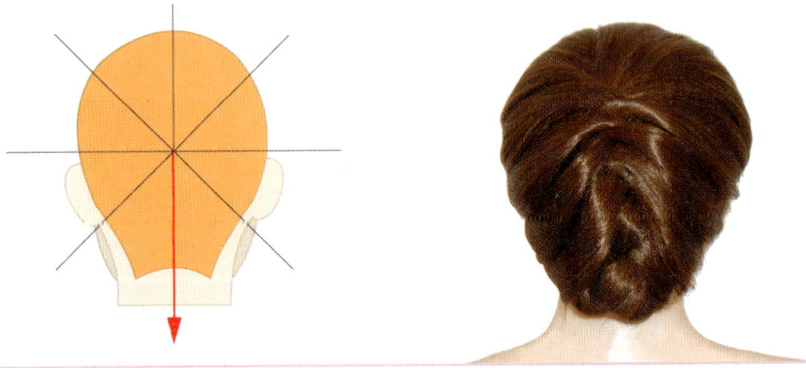

(4) 위치(Position)

모양이나 크기, 방향에 따라 상호조화에 영향을 미치며 각각의 얼굴형에 맞추는 수단으로 유용하게 사용되어질 수 있다. 또한 포인트의 위치이동에 따라 다양한 이미지 변화를 창출할 수 있다.

–상(C.P~T.P) : 목선이 드러나는 우아하고 화려한 스타일
–중(G.P) : 안정감과 발랄한 이미지
–하(B.P~N.P) : 고전적이며 우아한 스타일

1 C.P – 열정, 화려, 관능

2 T.P – 적극, 쾌활, 명랑

3 G.P – 신비, 감각, 유연

4 B.P – 안정, 자의, 온화

5 N.P – 정숙, 차분, 엄숙

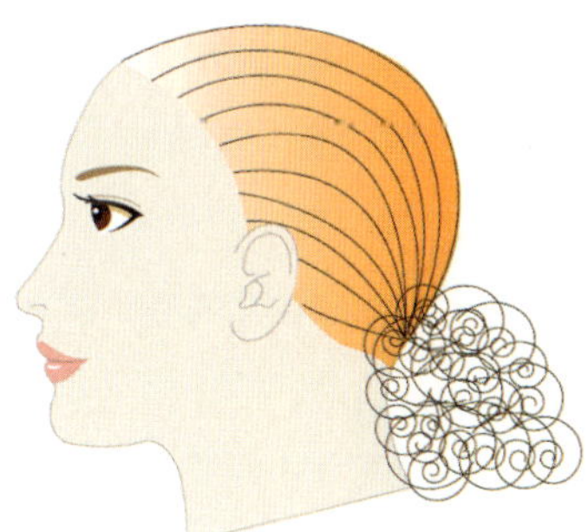

6 N.P,T.P – 화사, 균형, 변화

2) 질감(TEXTURE)

질감은 어떤 표면의 모양으로, 우리 주위의 모든 것에서 볼 수 있다. 업스타일에서 질감은 매끈한(Unactivated)질감과 도드라진(Activated)질감으로 구분 지어질 수 있다. 컬의 기법이나 양은 결과적으로 나타나는 질감에 영향을 미친다. 예를 들어, 고리로 말거나, 돌돌 감은 머리나 스트레이트 된 머리는 매끈한 표면모양을 만들어 준다. 반면, 땋거나 꼬거나 컬이 진 머리는 도드라진 표면을 만든다.

이러한 표면의 질감은 하나의 작품 속에서 단독으로 사용되어지기도 하고 두 가지의 질감이 적절하게 혼합되어져 활용되기도 한다.

1 매끈한 질감

2 도드라진 질감

3 두 가지 질감의 혼합

3) 색상(COLOR)

깊이, 면적, 질감의 착시 현상을 일으키는 디자인 요소이다. 칼라는 디자인의 특정한 강조 부분으로 시선을 이끌어 줌으로써 방향을 내포하기도 한다.

(1) 어두움 대 밝음

컬러가 어두운 모발과 밝게 컬러링한 머리에 비슷한 기법을 시술했을때 어두운 머리색상은 전반적인 형태에 주의를 집중시키는 반면, 밝은 색상은 형태내의 각각의 모양에 시선을 이끌어준다.

색상에 의한 디자인 변화

(2) 색상 혼합

머리 색상의 혼합은 기본 디자인에 크기를 더해주며 질감에 착시 효과를 준다. 미묘한 색상의 변화는 웨이브의 방향을 강조해 줄 수 있으며, 각각의 모양을 분리시킴으로써 흥미를 더해주기도 한다.

질감의 변화 및 웨이브 흐름 유도

2. 디자인의 시각 원리

업스타일은 예술형식과 마찬가지로 형태, 질감, 색상의 배열과 패턴으로 디자인의 시각원리를 사용한다. 이러한 디자인 법칙에 대해 알고 있으면 디자인을 분석할 때 쓰이는 대화 시스템을 구축할 수 있다.

1) 균형(Balance)

디자인의 시각적 혹은 실제 무게감에 의한 안정감을 뜻하며 대칭이거나 비대칭일 수 있다. 균형 잡힌 디자인을 계획할 때는 크기, 모양, 질감, 그리고 색상 사이의 비례적인 관계를 고려해야 한다.

(1) 대칭(Symmetry)

중심선이나 중심 축의 양쪽에 크기와 모양이 똑같이 위치하고 실제 무게감도 똑같이 분배되어 지는 통일 원리로서 작용하는 성질.

① 정돈성 : 조용하게 관찰되어진 상태에서 바르고 정리되어 있는 느낌.
② 안전성 : 정적이면서 편안한 느낌.
③ 단순성 : 섞인 느낌이 없으며 깔끔한 느낌.

대 칭

(2) 비대칭(Asymmetry)

시각적 균형에 좌우되며 실제 무게감은 중심선을 기준으로 양쪽에 고르지 않게 위치하며 변화원리로 작용하는 성질

① 비 정돈성 : 질서를 잃은 느낌으로 긴장을 완화시키는 효과.
② 운동성 : 생동감, 활동성.
③ 복잡성 : 뒤얽히고 섞인 듯한 느낌

비대칭

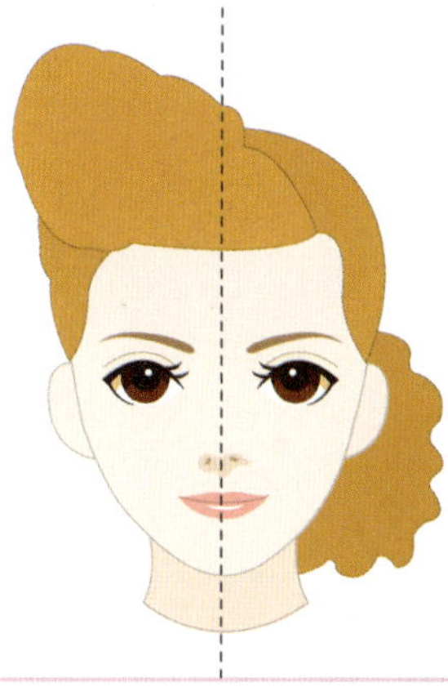

2) 강조(Accent)

디자인의 초점이나 주된 흥미에 관련되어지며 긴장감을 갖게 한다. 헤어디자인을 구성할 때는 형태나 질감 또는 색상을 통해 여러 방식으로 강조점을 만들어내는 것을 고려해야 한다.

1 강조의 형태

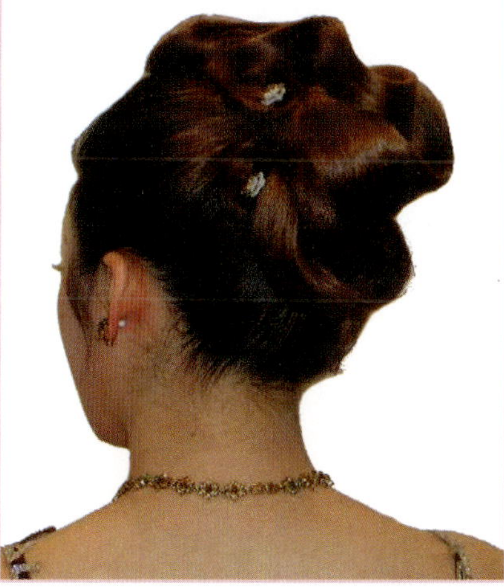

2 강조의 질감

3 강조의 색상

3) 반복(Repetition)

반복은 일종의 거울과 같다. 거의 똑같은 어떤 두 대상의 모양, 짜임새, 색상, 방향 혹은 모발길이의 단위가 동일하게 연결되는 것을 말한다.

모양의 반복

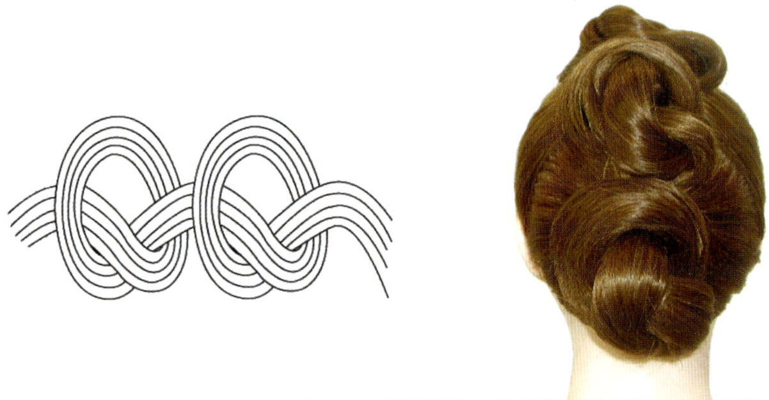

4) 교대(Alternation)

교대는 두 개 혹은 그 이상의 단위가 연속적으로 반복되는 것으로 변화를 수반하고 원래 상태를 다시 회복하는 형태이다.

질감의 교대

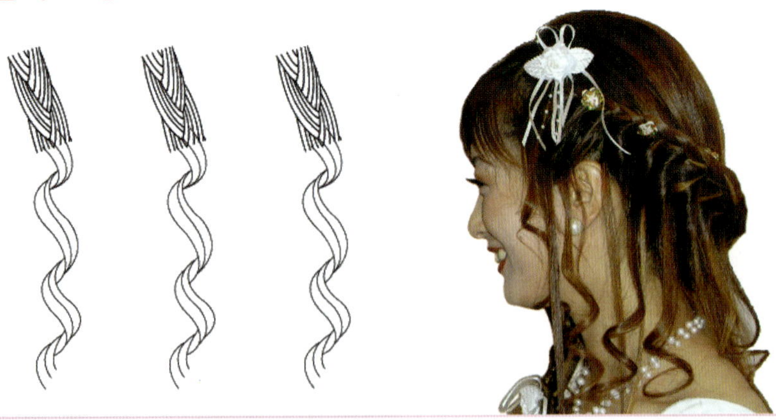

5) 진행(Progression)

진행은 비례적인 단계의 연속적인 시리즈를 말하는 것으로 방향 변화와 짜임새의 활동성, 길이, 색상(어두운 것에서 밝은 것)에 대한 연속성 등을 인식시켜야 한다.

방향의 진행

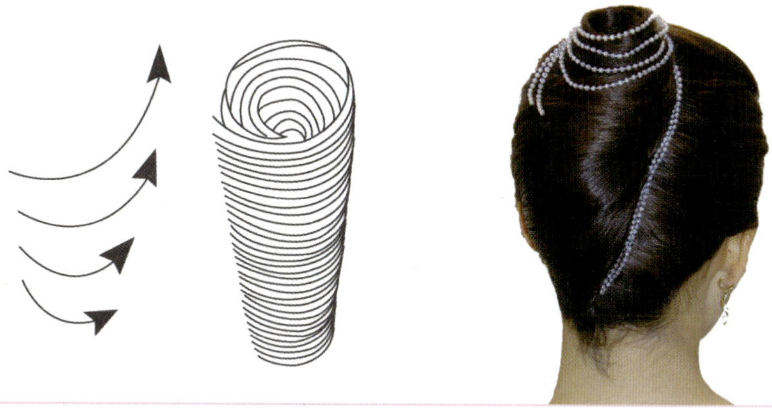

6) 대조(Contrast)

서로 반대되는 특질의 단위들, 즉 두 가지 색상, 크기, 짜임새 등이 서로 대조되어질 때 주위의 관심과 흥미 있는 긴장감을 형성할 수 있다.

색상의 대조

3. 업스타일 결정의 고려 사항

디자이너는 실제적으로 시술하기에 앞서 고객의 업스타일 디자인을 창의적으로 구상할 수 있어야 한다. 고객에게 가장 잘 어울리는 디자인을 구상하기 위해 디자이너는 스타일의 목적이나 다양한 상황들을 파악하고 인지해야 한다. 이러한 이유로 디자인을 구상하고 결정하는데에는 여러 가지 고려해야 할 중요한 사항들이 있다. 이 사항들은 특별한 순서가 있는 것은 아니며 고객과 상황에 따라 어떤 점들이 다른 점보다 무게가 실릴 수도 있고 적절한 조합으로 응용되어 질 수도 있다.

1) 얼굴모양(볼륨과 포인트 위치 조절)

(1) 사각형의 얼굴

개성이 강하면서 원심적 감각의 사각 얼굴에는 반대로 둥그런 느낌을 갖는 구심적인 볼륨으로 한다. 이것은 적당한 안정감과 평면적으로 밝은 얼굴형의 인상으로, 부드러운 볼륨의 아웃라인을 악센트로 내고 둥그런 입체감을 낼 수 있도록 한다.

사각형의 얼굴

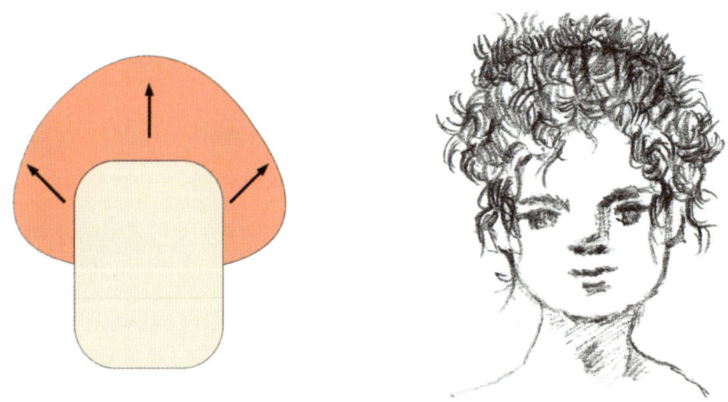

(2) 삼각형의 얼굴

이 얼굴의 볼륨은 구심적인 감각으로 상부에 양감을 낸다. 그렇게 하면 원심적 감각의 볼륨이 하부의 무게를 커버한 것과 같은 느낌이 나고 턱보다 다소 넓게 사이드 볼륨을 감아 한결 더 얼굴을 밝고 가볍게 보이게 한다.

삼각형의 얼굴

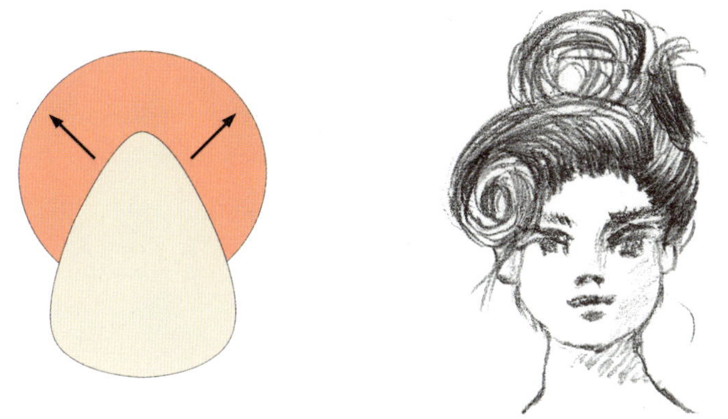

(3) 역삼각형의 얼굴

볼륨은 구심적 감각으로 얼굴 상부에 둥그렇고 부드러움을 표현한 것과 같은 실루엣이 된다. 그 볼륨은 소프트한 터치로 보이게 되고 샤프한 턱 선과의 어울림을 갖으면서 화사한 느낌을 한층 더 살릴 수 있다.

역삼각형의 얼굴

(4) 마름모형의 얼굴

마름모형의 얼굴에는 볼륨을 구심적 감각의 변화로 풍부하게 해서 얼굴을 입체적으로 둥그렇게 느낄 수 있도록 형을 만든다. 이것은 전체를 가늘고 작아 보이게 한다.

마름모형의 얼굴

(5) 긴 타원형의 얼굴

정적이면서 전체적으로 가늘고 길게 느껴지는 이 얼굴형에는 모발의 볼륨을 원심적으로 표현하고 주선을 수평느낌으로 잡아 길이를 끊는 인상을 주어 얼굴을 작아 보이게 한다. 또, 자칫하면 고풍적인 느낌을 주기 때문에 볼륨은 자연스럽게 연출하는 것이 좋다.

긴 타원형의 얼굴

(6) 둥근형의 얼굴

구심적 감각의 둥근 얼굴에 대하여 역으로 원심적 감각의 볼륨이 맞다. 단순한 볼륨이지만 볼륨의 아웃라인을 정렬시키지 말고 모선에 변화를 주는 것이 둥근형을 어느 정도 약하게 하는 방법이다.

둥근형의 얼굴

2) 신체구조(체형, 헤어라인, 네이프, 구렛나루)

(1) 체형에 따른 헤어스타일

① 키가 크고 마른 체형

이 체형은 두상 전체에 볼륨을 유지하면서 네이프와 목선에도 풍성한 웨이브를 연결시키거나 밝은 색 컬러링을 함께 보완한다면 체형보완에 도움을 줄 수 있다.

② 키가 크고 뚱뚱한 체형

이 체형은 자칫 체격이 더욱 커 보일 수 있으므로 세심하게 헤어스타일을 구상하고 선택하는 것이 좋다. 가장 잘 어울릴 수 있는 스타일은 T.P 위나 네이프 아래로 너무 강조되어지지 않으면서 깔끔하고 차분한 스타일의 선정이 중요하다.

③ 키가 작고 마른 체형

네이프나 목선으로 지나치게 늘어지는 스타일이 아니라면 어떤 스타일이라도 비교적 잘 어울린다. 키를 커 보이게 하려면 스타일을 작게 하고 앞머리와 윗부분에 볼륨을 준다.

④ 키가 작고 뚱뚱한 체형

전체적으로 날씬해 보이는 것이 중요하며 가장 잘 어울릴 수 있는 스타일은 T.P 위쪽으로 볼륨이나 디자인이 강조되어져야 한다.

(2) 구렛나루의 위치

① 귀의 중간까지

가장 일반적인 길이로 활동적이며, 야무진 느낌을 준다. 너무 짧거나 흐트러지면 나이든 인상을 줄 수 있다.

② 귀의 길이와 거의 같게

젊고 여성스런 매력이 있다.

③ 귀의 길이보다 길게

우아하고 여성스런 느낌을 줄 수 있으나, 너무 길고 짙으면 부자연스러우며 어색해 보일 수 있다.

3) 모발의 조건(모발의 길이, 탄력, 모양, 커트 상태, 웨이브)

(1) 머리길이에 따른 업스타일 연출

① Short Hair Styling

후두부의 모발은 여러 개로 등분을 나누어 올려 묶어주고, 머리가 짧아 잘 묶여지지 않는 머리는 스프레이로 고정한 후 촘촘하게 실핀을 꽂고 피스 활용이나 장식 액세서리로 가려준다. 피스나 가발을 사용할 때에는 실제 모발의 컬러를 고려하여 최대한 자연스럽게 연출한다.

1 Short Hair Styling

② Medium Hair Styling

머리싱을 사용하여 풍성한 볼륨을 준 후 피스나 악세서리를 활용할 수 있으며, 묶어지는 모발길이에 부분가발을 달아 롱헤어처럼 연출한 후 이음부분에 장식물을 부착하여 자연스러워 보이게 한다.

2 Medium Hair Styling

③ Long Hair Styling

고객이 가진 모발길이를 충분히 활용하여 볼륨감이나 웨이브형태의 자유로운 연출이나 변화를 줄 수 있다.

3 Long Hair Styling

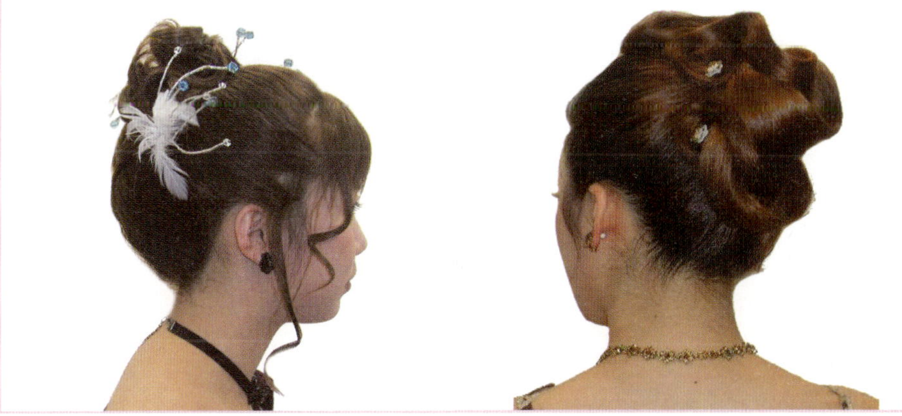

4) 행사내용

결혼식, 약혼식, 발표회, 잔치, 모임 등

5) 의 상

한복, 드레스, 양장

6) 계절에 다른 헤어스타일

① 봄

신선하고 상큼함을 강조하는 스타일 구상이 필요하며 바람에 흐트러지지 않도록 주의한다. 가벼운 느낌이 드는 밝은 색의 헤어 컬러를 사전작업으로 유도하는 것도 변화 있는 헤어스타일을 위해 필요하다.

② 여름

고온 다습한 기후를 고려하여 복잡한 헤어스타일을 자제하고 액세서리를 활용하여 부분 포인트를 주는 것도 좋다. 또한 다소 밝은 색의 전체 컬러나 레벨 차이가 심한 부분 포인트 컬러를 활용하여 원색적인 여름의 분위기를 살려준다. 시원한 느낌이 들도록 네이프로 늘어지는 스타일을 피해 두상 위쪽으로 들어지는 간단한 스타일을 연출하는 것도 좋다.

③ 가을

가을 분위기를 최대한 살릴 수 있도록 볼륨감과 곡선미가 느껴지는 복고풍 헤어스타일을 선택해서 여성스러움을 강조해 주는 것이 좋다.

④ 겨울

풍성한 웨이브 흐름과 따뜻해 보이는 블론드, 와인 등의 컬러표현을 통해 전체적으로 부드러운 분위기와 조화를 이루도록 한다.

7) 이미지에 따른 업스타일 구상

① Romantic Image

네이프 주위에 여러 가지 디자인이나 볼륨을 통해 포인트를 주고, 앞머리는 얼굴라인을 따라 흐르듯 내려서 뒷머리와 연결하여 성숙하면서도 사랑스럽게 표현한다.

1 Romantic Image

② Elegant Image

앞모습은 깔끔하면서 단정하게 처리하고 뒷모습은 화려하게 연출한다. 장식 또한 뒷머리 부분에 절제하여 사용한다.

2 Elegant Image

③ Cute Image

두상의 양 사이드에 부피감을 주고, 땋기나 꼬기 디자인 등을 연결하여 요정 같은 이미지를 연출한다.

ㅋ Cute Image

④ Natural Image

자연스럽고 굵은 웨이브를 최대한 활용하면서 가늘게 생머리가닥의 변화를 이용하여 고객의 취향이나 개성을 살려줄 수 있다.

ㄴ Natural Image

8) 기 타

개인적인 스타일 센스와 취향, 최근 유행 패턴 경향 등

3 업스타일 기초 실기

1. 도구의 선정과 사용법
2. 브로킹
3. 기본 묶기
4. 백콤 넣기
5. 토대 만들기
6. 헤어패딩 만들기
7. 프론트 디자인하기

학습 요점

제3장에서는 업스타일에 사용되는 도구에 대한 이해와 이를 활용한 베이직 트레이닝을 통해 튼실한 기초과정을 다지게 하는 내용들을 담아보았다.

1. 도구의 선정과 사용법

업스타일은 사용한 도구의 형태나 소재에 따라 완성된 스타일에서 질감이나 형태가 달라질 수 있다. 따라서 디자이너라면 완성될 스타일의 목적에 적합한 것들을 선정하고, 각 도구들의 성질을 파악하여 도구를 신체의 일부처럼 자유자재로 사용할 수 있도록 되어야, 다양하고 섬세한 표현 영역을 넓힐 수 있다.

1) 빗(Comb)

(1) 덕테일 콤(Duck Tail Comb ; 일명 꼬리빗)

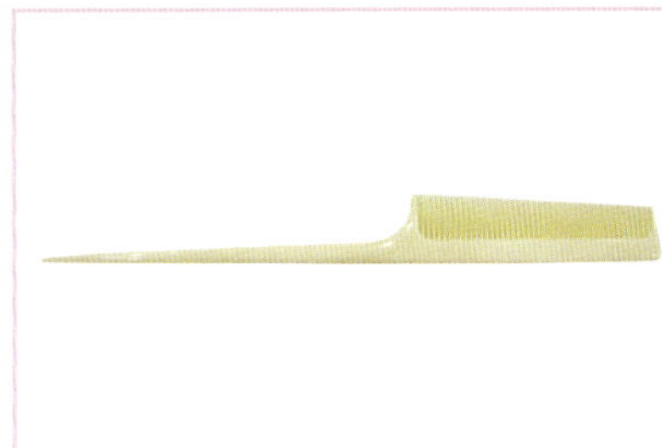

업스타일에 있어서 빈도수가 높게 사용되는 빗으로서, 섹션을 뜨고, 백콤을 넣고, 메쉬를 정리하고, 머리 끝의 방향성을 만드는 역할을 한다. 특히 나무 재질로 만든 빗은 머리카락과 친화성이 있어서 모발을 보호하고, 작품의 완성도를 높여줄 수 있다.

(2) 스타일링 콤(Styling Comb)

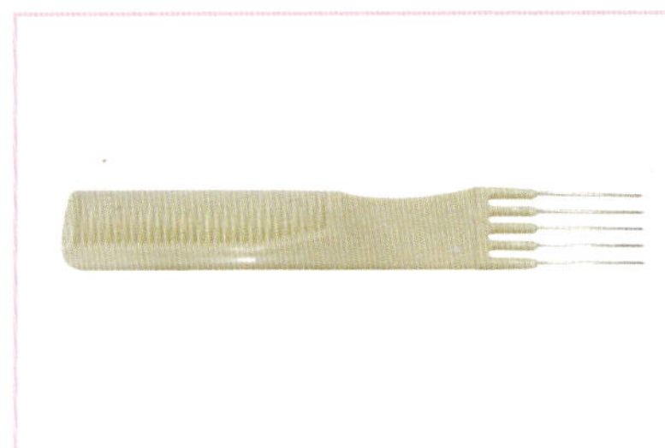

백콤을 넣을 때나 또는 완성된 상태의 형을 잡거나 특히 앞머리 부분을 세울 때 스프레이와 함께 사용하는 빗이다.

2) 브러시(Brush)

브러시는 업스타일 작업과정 속에서 의도하는 선과 면, 볼륨과 광택등의 표현에 중요한 역할을 한다. 각각의 특징과 쓰임새를 가진 여러 가지 브러시를 적절히 활용한다면 원하는 디자인의 섬세한 표현에 도움이 될 것이다.

가장 많이 사용하는 브러시의 종류로는 쿠션 브러시(Cushion Brush)와 브러싱 브러시(Brushing Brush)를 들 수 있다.

먼저, 쿠션 브러시는 구각의 형태를 가진 두상의 곡면을 따라 균일하게 텐션을 넣을 수가 있으며 한꺼번에 머리 전체를 브러싱 할 수 있어서 많은 양의 모발 컨트롤이 가능하다. 세팅전후 전체의 모발 정리에 용이할 뿐 아니라 업스타일 작업 시 사용빈도수가 많은 브러시이다.

브러싱 브러시는 머리 면을 균일하게 브러싱 할 수 있고, 모발 깊숙이 까지 정확하게 브러싱할 수 있어서, 모발 전체를 하나로 끌어 묶을 때, 면을 끌어 모을 때, 백콤을 정리할 때 사용되어진다. 특히, S자로 구부러진 브러시는 슬라이스 선의 안쪽이라든지 네이프, 귀 위, 앞이마 언저리부분 등을 균일하게 브러싱 할 수 있는 장점이 있다.

쿠션 브러시

브러싱 브러시

3) 세팅(Setting)

업스타일을 위한 기초 단계이다. 우선, 연출하고자 하는 디자인을 구상하여 세팅 롤러 굵기와 세팅 방향을 결정하여 세팅한 후 드라이어나 자연 바람으로 건조시켜 적당한 웨이브를 얻도록 한다.

스템(Stem)

일반적인 디자인에는 스탠드 스템(Stand Stem), 양감이 요구되는 디자인에는 업 스템(UP Stem), 볼륨 없이 두피에 밀착되는 디자인에는 다운 스템(Down Stem)으로 와인딩 한다.

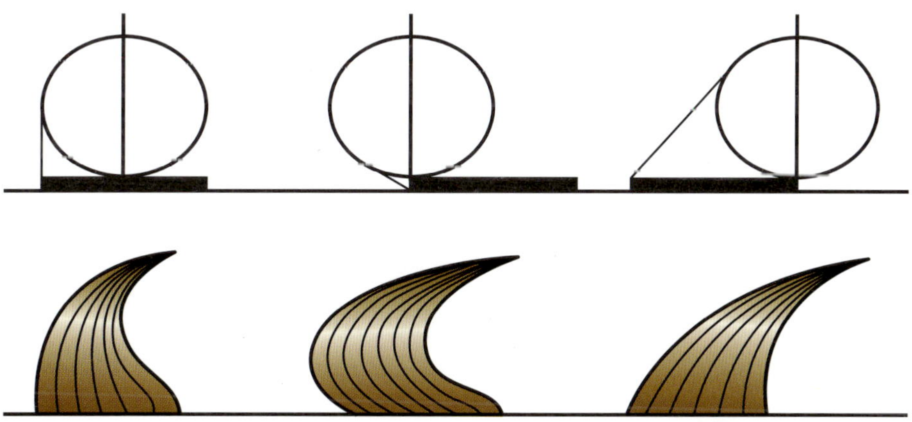

스탠드 스템 업스템 다운스템

(1) 세팅펌기에 의한 세팅

굵고 자연스런 컬 상태를 장시간 유지하여야 할 스타일에 사용하면 효과적이다. 물 스프레이로 살짝 분무한 후 와인딩하고 약 5분 정도 방치하여 건조가 완전히 이루어지게 한다.

세팅 작업과정

세팅펌기에 의한 컬 완성

(2) 전기 세팅

업스타일 시 가장 많이 사용되는 컬링 방법으로 간편하고 빠르게 컬을 만들 수 있는 장점이 있으나 상한 머릿결에는 주의가 필요하다.

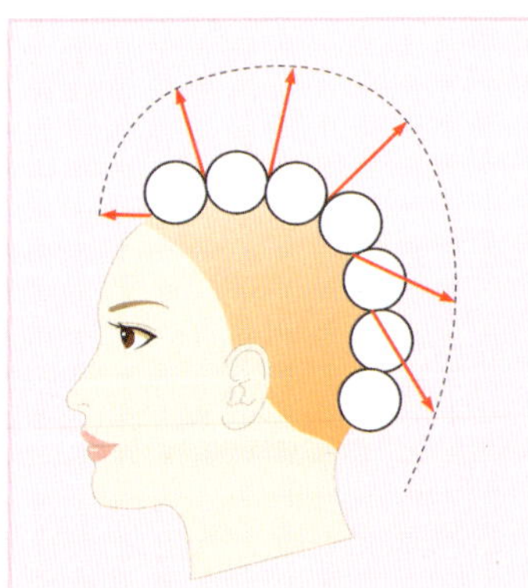

와인딩의 각과 볼륨

전기 세팅

핀 고정-O

핀 고정-X

4) 핀(Pin)

(1) 핀의 종류

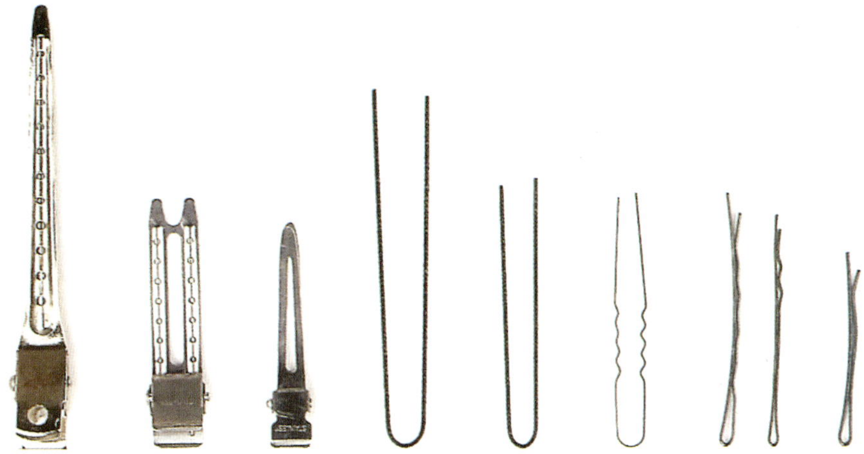

① 스몰 핀 : 실핀(보비 핀)과 비슷한 모양이지만 크기가 작아서 머리 숱이 적은 부분이나 또는 머리 뒷면의 면과 면을, 약간 힘있게 고정시키고 볼륨을 감소시킬 때 사용한다.

② 실핀(보비 핀) : 일반적으로 가장 많이 사용하는 핀으로서, 면과 면의 한 포인트를 고정시키는데 효과적이다.

③ 갈고리 핀(털 핀) : 핀 중앙에 굴곡이 있어서 밑에서 꽂아도 빠지지 않게 만들어졌으며, 일반적으로 마무리 단계에서 삐쳐 나오는 모발을 정리하거나, 임시 고정된 U핀을 뽑아내고 대신 갈고리 핀을 꽂아, 틈새나 연결부분을 눈에 띄지 않게 마무리한다.

④ U핀(소 ; 오니핀) : 벌어진 면을 연결시키거나, 면과 면을 자연스럽게 연결시키는데 사용하고 U핀(대)보다 머리 숱이 적은 부분에 사용한다.

⑤ U핀(대 ; 네지핀) : 많은 양의 모발을 꺽어 고정시키거나 머리다발 깊숙이까지 꽂을 수 있는 장점이 있다. 시술자의 테크닉에 따라 업스타일 형태를 일시 유지하거나 싱과 망을 고정시킬 때, U핀의 형태를 바꾸어 다양한 목적으로 사용할 수 있다.

⑥ 싱글 핀 : 더블 핀과 같은 용도로 사용되나 더블 핀보다 작은 부분을 고정시킬 때 사용된다.

⑦ 더블 핀 : 머리 표면의 형을 고정시키거나 일시적으로 형을 만들 때 사용하는 핀으로서 귀 뒷부분이나 앞이마 부분, 네이프 부분 등에 사용할 수 있다.

⑧ 완성용 덕컬 : 완성 단계에 이른 스타일을 최종적으로 교정시킬 때 사용하며 더블 핀보다 깊숙한 부분까지 고정시킬 수 있다.

(2) 핀 고정법

헤어핀 그 자체는 기능적이지만 사용하는 방법에 따라 디자인을 구성하는데 중요한 역할을 할 수 있다.

① 수직 고정법

가장 기본적인 핀의 고정방법이 수직 고정방법이다. 머리가 긴 경우 컬이나 시니온을 만들려면 무겁게 된다든지 크기가 커지기 때문에 머리다발을 둥근 상태에서 꺾는다든지 공간을 주고 둥근 하부에서 실핀을 꼽고 머리 결에 대해서 수직으로 고정하고 남은 머리를 처리하는 방법이다. 또는 일정한 방향으로 머리를 고정시키기 위해서 사용하는 테크닉이다.

1 수직 고정법

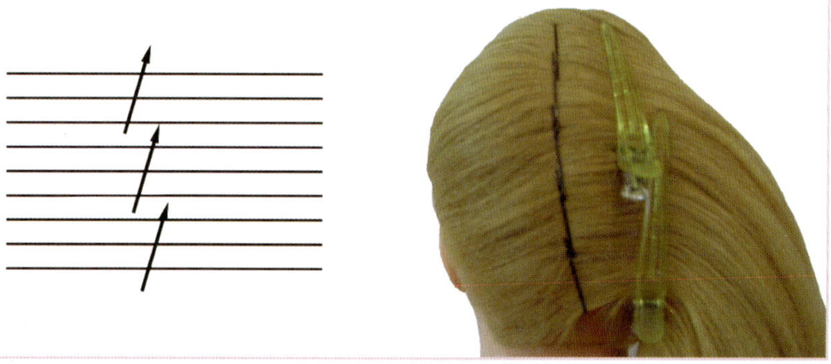

② 수평 고정법

둥그런 두형에서 가로로 길게 핀을 꽂아야 할 경우에는 긴 보비핀 보다는 짧은 스몰핀이 더 용이하다. 핀과 핀이 서로 1cm 정도씩 겹쳐지며 붙도록 일직선상에 핀을 꽂아주며 마지막에 꽂는 핀은 반드시 반대 방향에서 하나 꽂아주어 정리한 모발이 흐트러지지 않게 한다.

2 수평 고정법

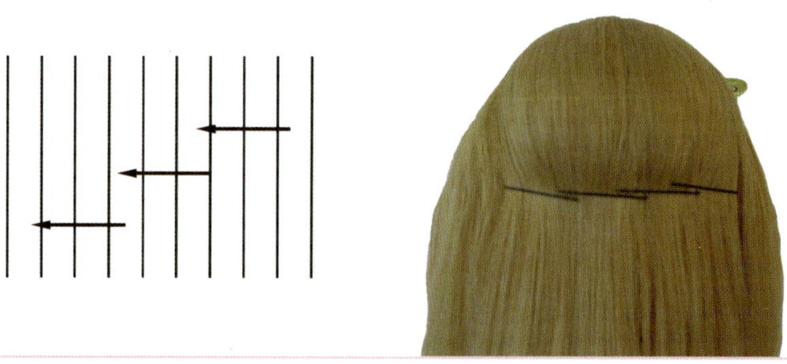

③ 감추기 고정법

상부와 하부의 머리다발을 안정시키기 위해서 1개의 실핀을 사용하여 상하를 꿰매듯이 핀 처리하는 방법이다. 또한 한 면을 틀어서 다른 한 면에 고정시키고자 할 때 사용하거나 양면을 틀어 붙일 때, 롤 디자인에서 롤을 고정할 때 사용하기도 한다.

3 감추기 고정법

④ 겹치기 고정법

핀을 두 개 이상을 사용하여 서로 겹쳐 꽂는 방식으로 탄탄하게 고정시켜 머리다발의 안정을 꾀하거나 머리다발에 양감을 주기 위해서 사용하는 것이 특징이다.

겹치기 고정법은 핀 사용방법에 따라 L자형 기법, 십자형 기법, W자형 기법 등으로 나눌 수 있다.

㉠ L자형 기법

L자형이 되도록 2개의 실핀을 고정함으로써 탄탄하게 고정시키는 방법이다. 실핀 하나를 머리 흐름에 대해서 직각으로 고정한 다음 먼저 핀이 열리지 않도록 먼저 고정한 핀의 머리에 직각으로 고정한다.

4-1 L자형 기법

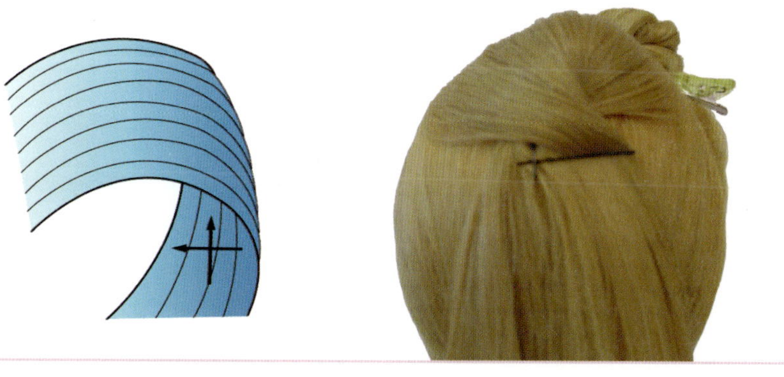

㉡ 십자형 기법

U핀 한 개를 먼저 꽂은 다음 반대 방향에서 크로스가 되도록 또 다른 한 개의 U핀을 꽂아 십자형으로 만들어준다.

4-2 십자형 기법

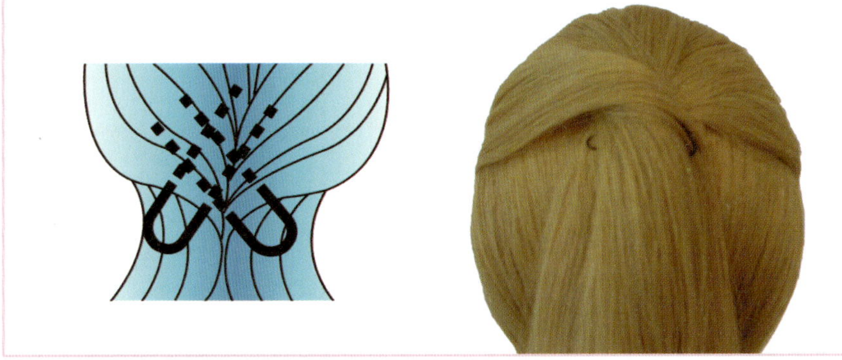

㉢ W자형 기법

W자형 핀 꽂기는 면을 고정할 때 토대가 약하거나 많은 모량으로 고정력이 덜어질 때 W자형으로 핀과 핀이 물리게 하여 꽂아주는 방식이다. 브러싱한 머리 면에 모발 흐름의 사선방향으로 먼저 핀을 꽂아준 다음 다시 역사선 방향으로 겹쳐 꽂아나간다.

4-3 W자형 기법

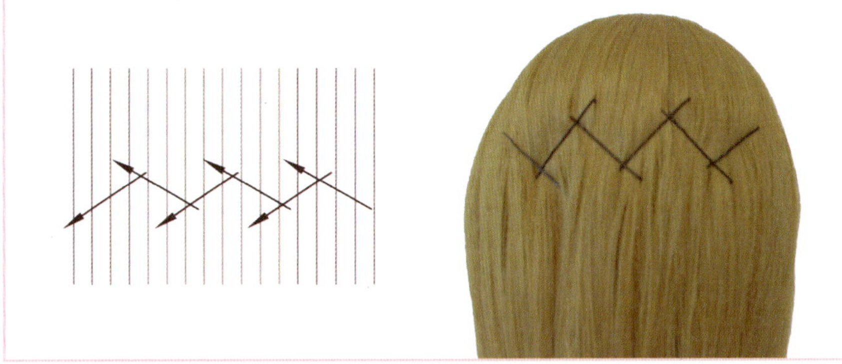

5) 기타 도구

(1) 웨이브 클립

완성 단계에 있는 업스타일에 C컬 또는 S컬의 브릿지를 강하게 만드는 데 사용된다.

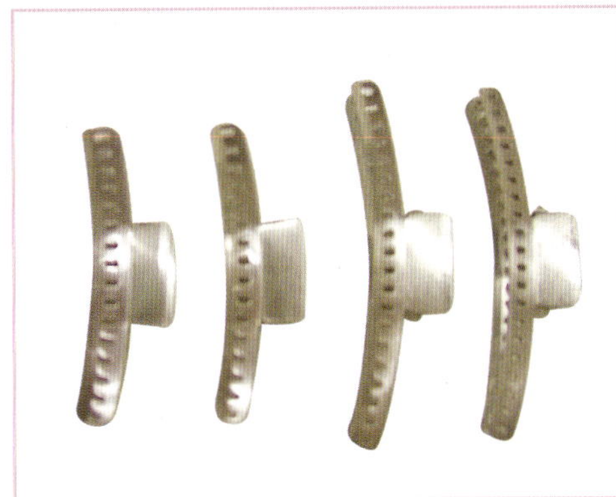

(2) 망(Net)

시뇽의 형태를 보정하는 도구로서 잔머리가 빠지거나 시간경과에 따른 흐트러짐을 방지하고, 많은 모발 양에 의해 핀 고정이 어려울 때 안정감 있게 사용할 수 있다.

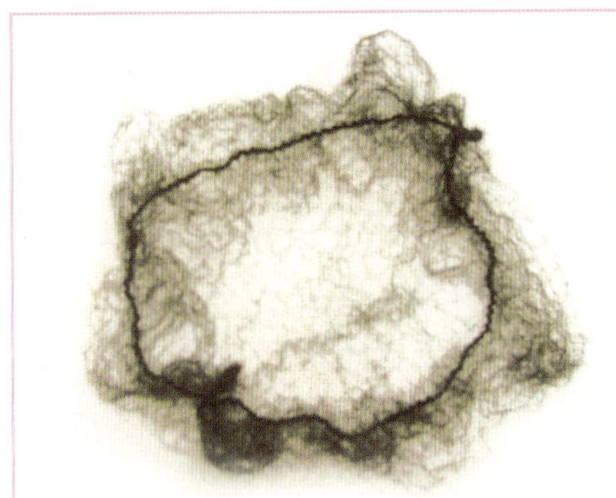

(3) 아이롱

전기 세트보다 컬의 지속력이 높고, 굵기 조절이 자유로와 컬 표현이 주가 되는 업스타일이나 세트가 말리지 않는 짧은 모발에 사용하면 효과적이다.

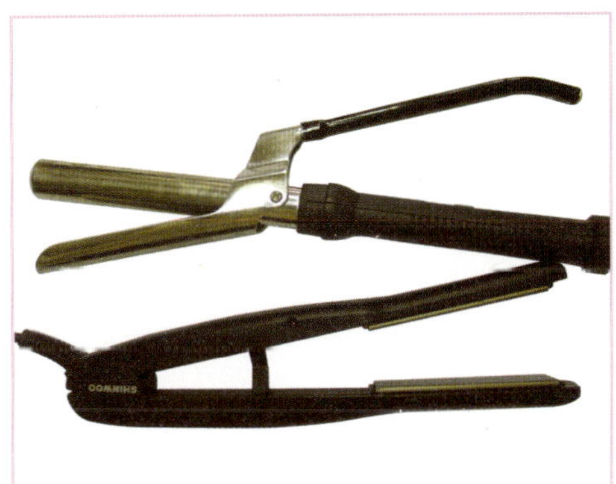

(4) 곡선 빗

면의 안정감을 얻기 위하여 흐트러지지 않게 고정하거나 면과 면의 연결부위를 균일하게 연출하고 형태를 일시적으로 잡아주는데 사용된다. 완성 단계에 이른 스타일의 평면을 고정해서 흐트러지지 않도록 가볍게 고정시킨다든지, 또는 약간 튀어나온 부분을 눌러준다든지 할 때 사용하여 전체적인 밸런스를 균일하게 연출하는데 사용한다.

2. 블로킹

업스타일 작업에 블로킹은 매우 중요하다. 두부의 주요 위치를 알고 구상한 올림머리에 따라 구획을 나누어 묶거나 땋는 등의 방법을 이용해 여러 가지 디자인을 연출해 낼 수 있다.

1) 기본 포인트 브로킹법

정해진 각각의 기본 포인트를 중심으로 하여 어떤 스타일에 대해서도 다양한 브로킹라인을 만들 수가 있다. 또한 결정되어진 각각의 포인트(C.P, T.P, G.P, B.P, E.P, N.P, S.P 등)는 하나의 업스타일 완성에 있어서 다양한 디자인을 얻을 수가 있고 특히 양감을 얻는데 중요한 위치를 차지한다.

기본 포인트

① 센터 포인트(Center Point) : 훼이스 라인과 정중선이 교차하는 점
② 톱 포인트(Top Point) : 측중선과 정중선이 교차하는 점
③ 골덴 포인트(Golden Point) : 턱과 귀앞을 연결하여 E.P를 연장한 정중선상의 점
④ 백 포인트(Back Point) : 두상의 수평선과 정중선이 교차하는 점
⑤ 네이프 포인트(Nape Point) : 측중선이 지나는 헤어라인 점
⑥ 이어 포인트(Ear Point) : 두상의 수평선과 측중선이 교차하는 점
⑦ 사이드 포인트(Side Point) : C.P와 E.P의 중간에 위치한 페이스라인상의 점

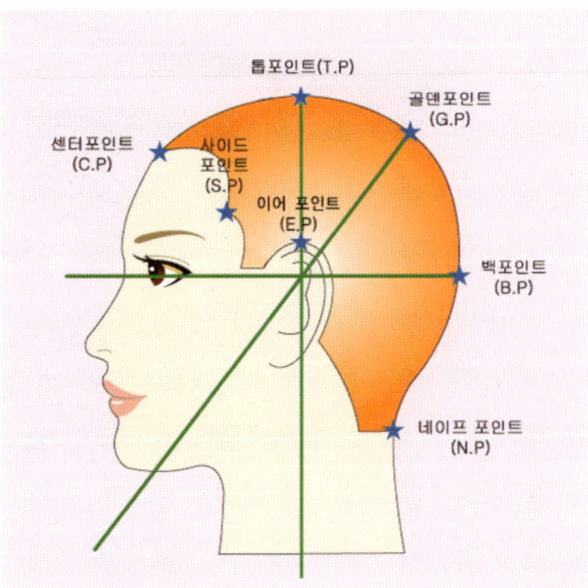

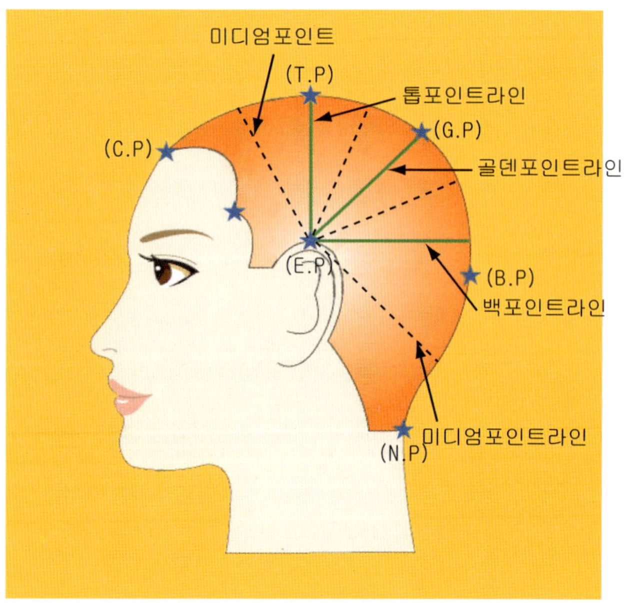

2) 업스타일에 있어서의 응용 블로킹법

업스타일은 두부 전체에 있어서 점과 점들을 연결하여 다양한 형태의 스타일을 구상하고 완성해 낼 수 있는 것이 일반 블로킹과의 차이점이다. 두부의 중요한 위치에 몇 개의 점(시작점)을 정해서 그 점에서부터 슬라이스 라인을 발전시키면 다양한 블로킹의 형태를 만들어 낼 수가 있다. 따라서 업스타일에 있어서 작품을 보다 정확하게 작업하고 완성도를 높이기 위해서는 합리적이고 응용력이 있는 블로킹법을 익히고 디자인할 줄 아는 능력을 길러야 한다.

① 톱포인트(T.P)를 시작점으로 하는 블로킹

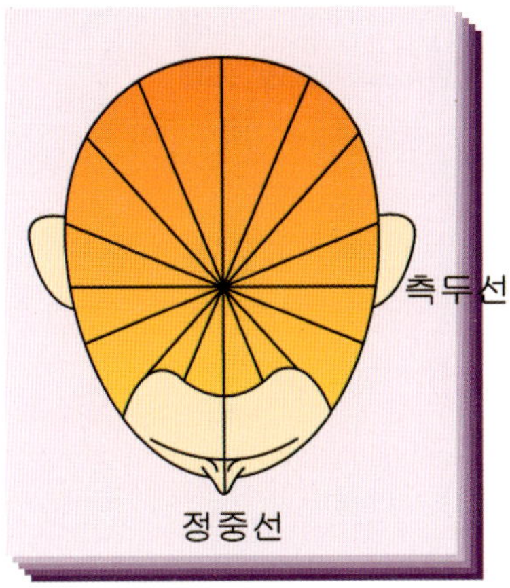

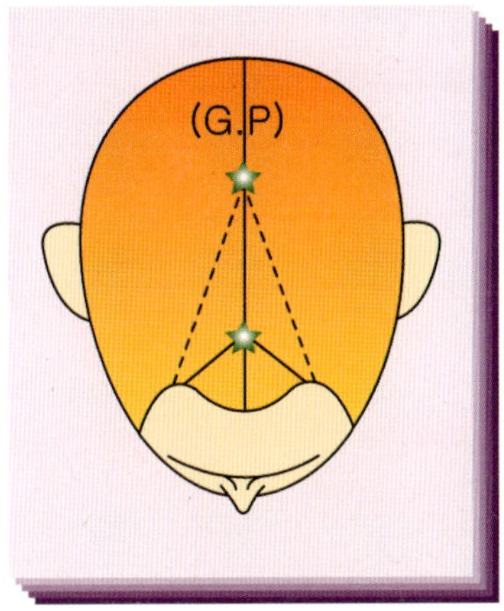

② 골덴포인트(G.P)를 출발점으로 하는 블로킹

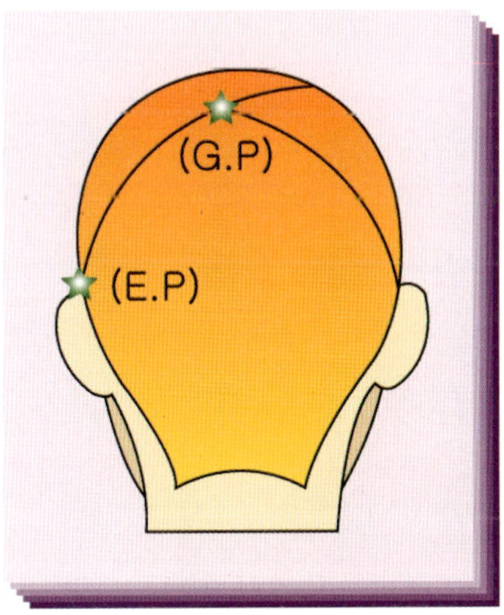

③ 이어 포인트(E.P)를 시작점으로 하는 블로킹

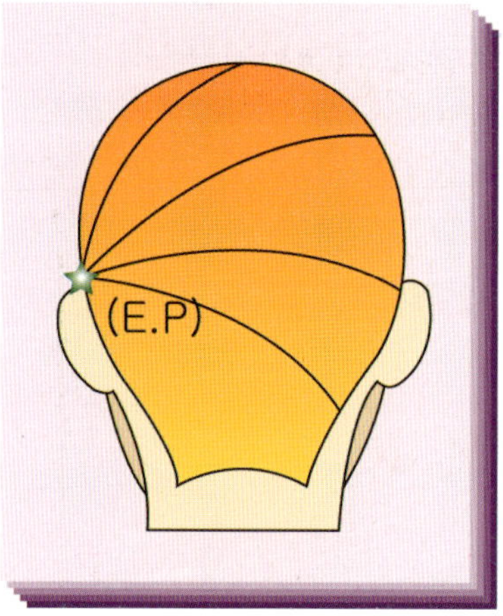

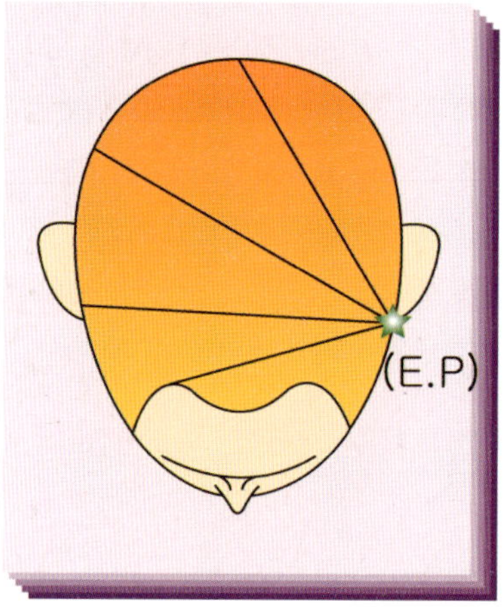

④ 백포인트(B.P)를 시작점으로 하는 블로킹

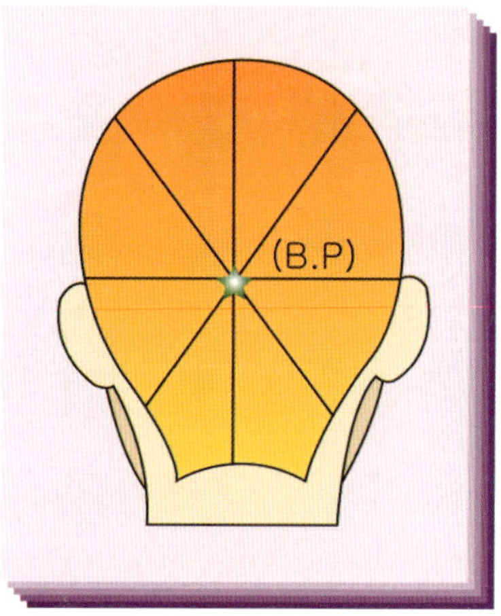

⑤ 사이드포인트(S.P)를 시작점으로 하는 블로킹

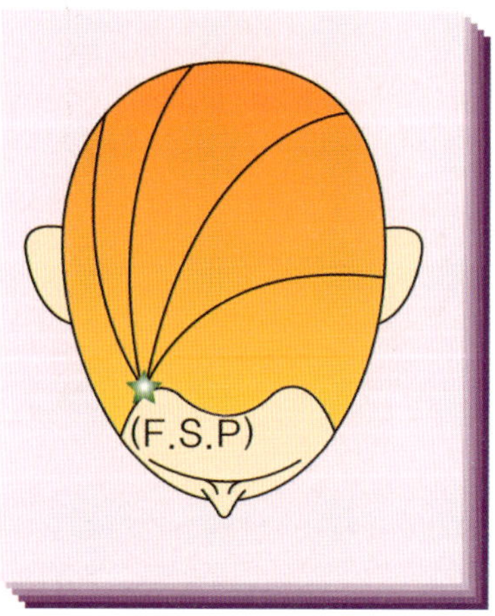

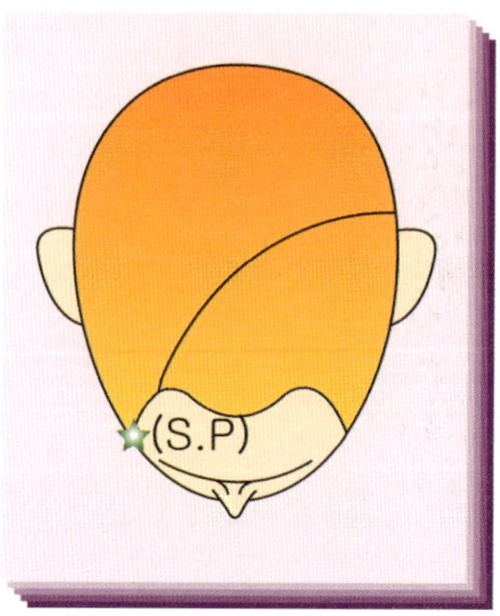

3. 기본 묶기

포니테일 스타일이나 모량과 실루엣의 조절, 그리고 땋기 등에서 반드시 거치는 과정으로 묶는 도구로는 고무밴드와 끈 고무줄이 있다.

1) 줄 고무밴드 묶기

모량이 많고 힘을 많이 받는 모발 묶기에 사용할 수 있으며 필요한 길이만큼 일정하게 커트해서 준비해두면 편리하다.

① 의도하는 포니테일 지점으로 모발을 곱게 빗질하여 왼손으로 잡는다.

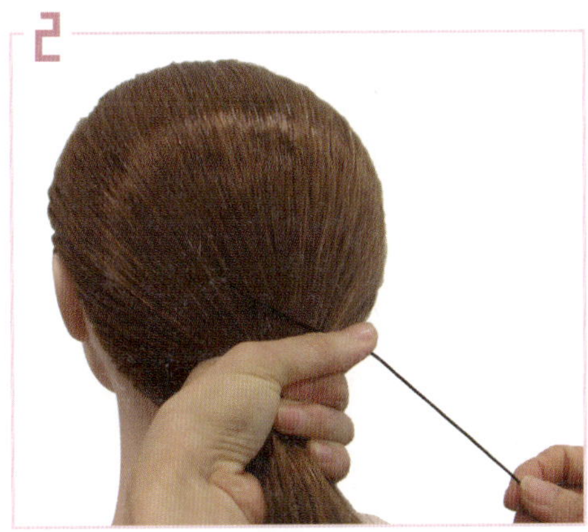

② 양손 엄지와 검지사이로 끈 고무를 잡는다.

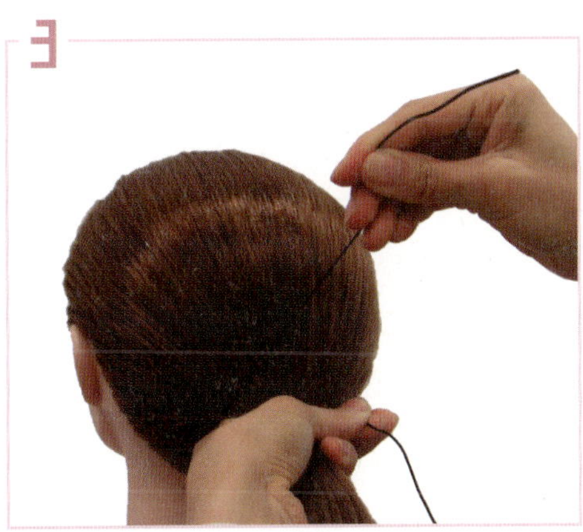

③ 끈 고무를 한바퀴 타이트하게 돌려 감는다.

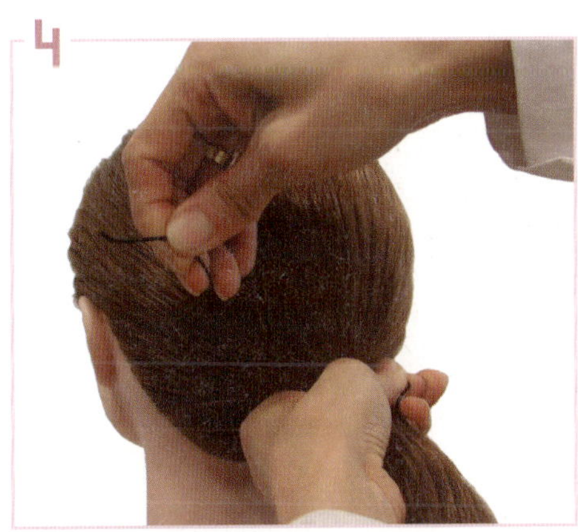

④ 다시 한바퀴를 감아 가운데 지점으로 돌아온다.

5

⑤ 한 손으로 두 가닥을 함께 잡아 당겨준다.

6

⑥ 끈을 한번 감아준다.

7

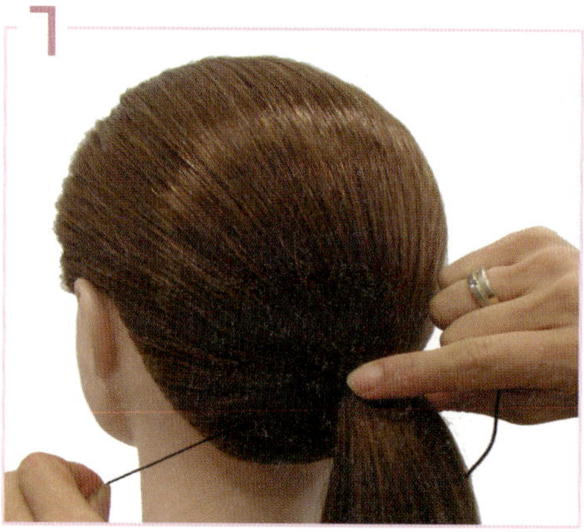

⑦ 매듭을 짓지 않고 다시 한 번 돌려준다.

8

⑧ 두 번 감은 끈을 바짝 당겨준다음 매듭하여 마무리한다.

9

⑨ 소량의 모발을 취하여 고무밴드 위로 감아 돌려 준 다음 핀으로 고정한다.

10

⑩ 완성된 모습

2) 링 고무밴드 묶기

모량이 적고 많은 힘을 받지 않을 경우에 빠르고 간편하게 사용할 수 있으며, 스몰핀이나 U핀을 이용하여 고정시킨다.

1

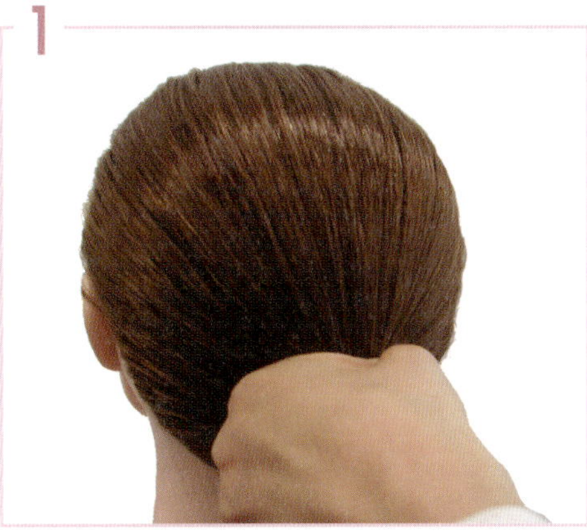

① 의도하는 포니테일 지점으로 모발을 빗어 모은다.

2

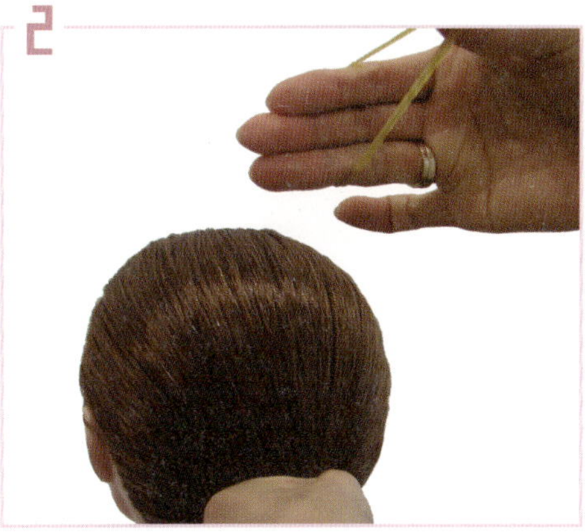

② 고무밴드 두 개를 오른손 엄지와 새끼손가락을 제외한 나머지 손가락에 걸쳐 끼운다.

3

③ 고무밴드를 걸친 오른손으로 ①번을 잡는다.

4

④ 고무밴드를 시계방향으로 한바퀴 감아 돌려 오른손 새끼손가락에 걸친다.

5

⑤ 다시 한바퀴를 같은 방법으로 돌린다.

6

⑥ 돌아온 고무밴드를 왼손 검지로 잡는다.

7

⑦ ⑥번의 고무밴드 끝을 오른손 엄지 안으로 넣어서 빼 준다.

8

⑧ ⑦번의 고무밴드에 보비핀을 끼운다.

9

⑨ 핀을 직각으로 세워 꽂는다.

10

⑩ 소량의 모발을 등분해서 고무밴드 위로 감아준다.

11

⑪ 핀으로 고정한다.

12

⑫ 완성된 모습

4. 백콤(Back Comb)넣기

백콤은 모발을 두피 쪽으로 밀어 넣는 방법으로 단순히 머리 단의 큰 부풀림을 주기 위한 목적에 그치지 않고, 볼륨, 면의 연결, 토대, 핀 고정 등 여러 가지 목적에 따라 다양하게 이용되어진다. 또한 백콤을 넣는 모량, 각도나 부위, 모발을 쥐는 왼손의 역할 등에 따라 다른 형태의 스타일로 유도할 수 있다.

1) 기본 테크닉

백콤은 먼저 일정한 머리다발(섹션)을 뜨는 일부터가 중요하다. 디자인에 따라서 또는 부분 부분의 목적에 따라서 다르지만, 일반적으로 머리다발을 탄탄하게 유지하기 위해서는 최대한으로 손가락의 검지의 안쪽 길이로 뜨면 적당하다. 만일 그 이상으로 뜨게 되면 지탱되는 머리다발에 무리가 생겨서 잘 지탱되어지지가 않게 된다. 즉 보통 6~7cm로 하면 이상적이라 할 수 있다.

① 적당한 텐션을 주고 머리가닥을 잡는다.

② 모발 인으로 빗을 넣어 두피에서 가까운 위치부터 힘있게 거꾸로 빗질한다.

③ 백콤을 넣은 상대에서 모근 쪽을 튕기듯이 밀어넣는다.

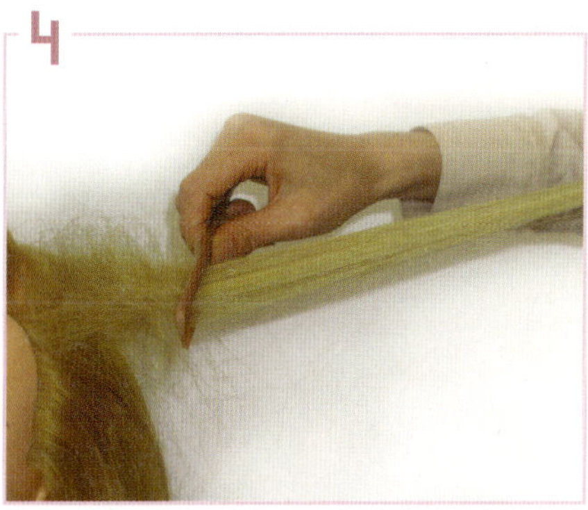

④ 동일한 방법으로 모근 쪽을 향해 빗을 이동시킨다.

⑤ 왼손의 텐션과 오른손의 빗 동작에 의해 백콤이 이루어진다.

⑥ 백콤된 상태

2) 예비 백콤 테크닉(back combing)

전면을 가볍게 처리하는 방식으로 오른손의 콤을 패널의 면에 닿음과 동시에 약간의 라운드형식으로 손동작을 해준다. 스피디하게 머리 전체의 백콤을 줄 때 사용하는 기법이다.

1

① 적당량의 스트랜드에 텐션을 주고 빗의 방향을 수직으로 주어 모근 쪽으로 빗을 이동시킨다.

2

② 모근에 가까울수록 힘있게 바짝 붙여 뿌리에 힘을 넣는다.

3

③ 같은 동작으로 부드러운 원형을 그려가며 계속 진행한다.

4

④ 이러한 백콤의 반복 동작은 머리 전체에 백콤을 줄 수 있는 방법이다.

5

⑤ 빗의 끝이 뒷 쪽 스트랜드의 표면에 보이지 않도록 백콤을 완성시킨다.

3) 프론트 백코밍(front back combing)

모근의 볼륨 감과 형을 얻기 위해 사용되어지는 방법이다. 두피에서 90° 들어지는 각도로 백콤을 넣는 것이 이상적이다.

① 두피의 90°에 스트랜드를 잡는다.

② 모근 부분의 콤은 힘을 주어서 각도가 흐트러지지 않도록 잡아준다.

③ 스트랜드를 잡고 있는 손의 힘을 일정하게 유지하면서 부드러운 동작으로 백콤을 시도한다.

④ 프론트 부분의 백콤이 넣어 지고 있는 상태이다.

⑤ 완성된 모습이다.

4) 양 사이드 면에 백콤 넣기

튼튼하고 탄탄한 면을 얻어서 확실한 형을 얻고 싶을 때 사용하는 기법으로서 특히 높이 세우는 펑키(funky)스타일에 사용한다.

1

① 스트랜드의 한쪽 면에 백콤을 넣는다.

2

② 모근까지 힘있게 차근차근 백콤을 넣는다.

3

③ 시작한 면의 스트랜드에 탄탄히 백콤을 넣어 완성시킨다.

4

④ 다른쪽 면에 같은 방법으로 튼튼히 백콤을 넣는다.

5

⑤ 차근차근 정확히 백콤을 넣어 상층부로 이동시킨다.

6

⑥ 기둥처럼 백콤이 완성된 모습이다.

5) 각도에 맞는 백콤 넣기

스트랜드의 방향성을 구해서 특별한 스타일을 연출하고 싶을 때 사용하는 테크닉이다.

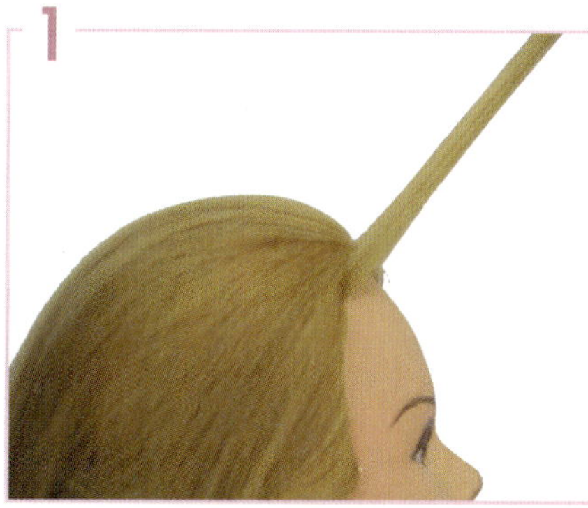

① 먼저 한 block을 지정하여 놓는다.

② 첫 번째 스트랜드에 두피각도 90° 백콤을 넣어준다.

③ 두 번째 스트랜드에는 첫 번째보다 후방으로 각을 세워 맞는 백콤을 넣어준다.

④ 두 번째 스트랜드에도 각도에 맞는 백콤은 넣어준다.

⑤ 볼륨을 주고자 하는 곳에서 그라데이션 각도를 이용해 백콤을 넣어나간다.

⑥ 점차적인 각도의 변화를 주면서 볼륨에 연결이 부드러워지도록 백콤을 넣어간다.

⑦ 같은 방법으로 백콤을 넣어 완성된 모습이다.

6) 브러시를 이용한 백콤 넣기

전체적으로 느슨한 볼륨과 풍성한 형을 원할 때 빠르고 간편하게 백코밍하는 기법이다.

① 빗으로 잡았을 때 보다 많은 양을 잡고 브러시로 원형을 그리듯이 백콤을 넣는다.

② 브러시의 방향을 부드럽게 회전시키면서 백콤을 넣어간다.

③ 스트랜드의 중간 부분까지 이동시킨다.

④ 반복적으로 부드러운 곡선의 손동작으로 백콤을 넣어간다.

⑤ 브러시를 이용한 백콤이 완성된 모습이다.

5. 토대(Foundation)만들기

건축물의 구조를 받쳐주는 중심 축과 같이 어떤 디자인의 기초가 되는 부위를 말하는 것으로 시술을 용이하게 하고, 완성된 스타일을 장시간 안정되게 유지할 수 있게 한다.

토대를 만들 때에는 두상과 모량, 모질의 조건, 원하는 디자인을 고려해서 토대의 넓이나 높이, 위치를 결정할 수 있다.

롱 헤어를 완성할 경우 자연스럽게 머리를 내리는 다운 스타일을 제외하고 머리를 한번에 묶지 않으면 안 되는 업스타일 또는 롱 스타일을 숏트 스타일로 보이게끔 디자인을 하는 경우에는 필히 토대를 만들지 않으면 안 된다.

1) 토대를 만드는 목적

① 모델이 가진 모발의 양에 따라 토대에 사용하는 머리다발을 많이 뜬다든지 적게 뜬다든지 하는 방법에 따라 다루는 머리의 양을 조절할 수가 있다.

② 머리다발을 토대에 붙여 핀 작업을 해서 정확히 고정시킬 수가 있다.

③ 토대의 머리다발이 베이스가 되어 그 부분을 자유롭게 부풀게 하여 양감(볼륨)을 얻을 수가 있다.

2) 토대를 고정시키는 방법

① 고무줄로 묶는다.
고무줄로 묶은 머리다발은 컬을 만들어 장식적으로 꾸미기도 하고, 또는 머리다발을 부풀려 토대로 사용하기도 한다.

② 세 가닥으로 땋는다.
머리의 양이 적을 경우에는 세 가닥으로 닿아서 머리 끝을 속으로 감추어 사용한다. 머리끝을 사용하지 않는 스타일에 사용한다.

③ 머리다발을 수직으로 포개어 겹친다.
머리 양이 많은 사람에게 사용되어지며 머리다발이 무거우면서 부풀림을 만든다.

④ 원형으로 백콤을 넣는다.
시뇽이 G.P, T.P에 위치하는 프런탈 타입(frontal type)에 많이 응용된다.

⑤ 핀을 갈매기형으로 고정한다.
옆으로 넓게 토대를 만들고 싶을 때 사용한다.

1 묶기에 의한 토대

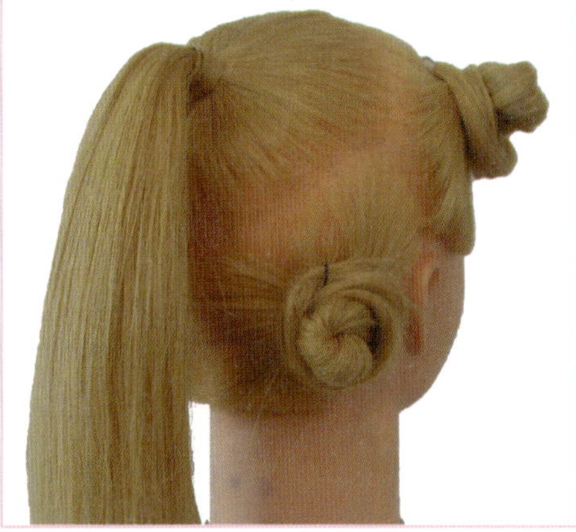

2 땋기에 의한 토대

3 겹치기 토대

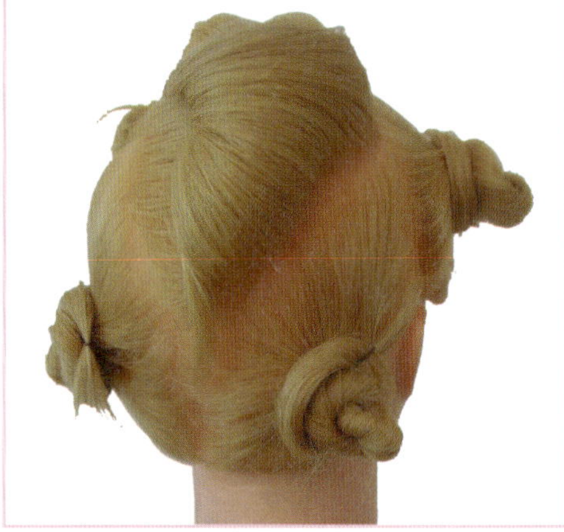

4 백콤에 의한 토대

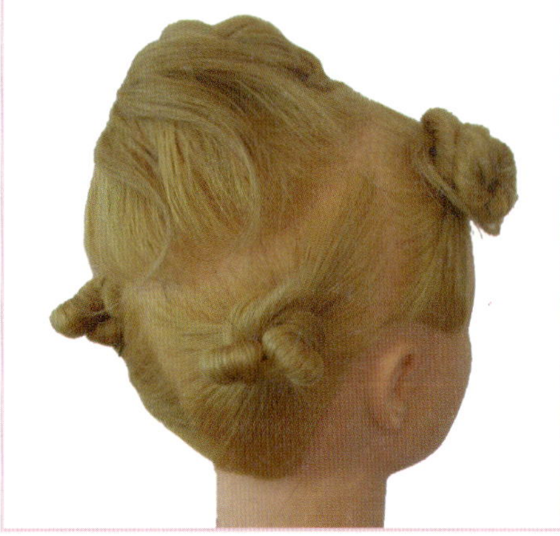

5 핀 토대

6. 헤어 패딩(Hair Padding) 만들기

업스타일의 디자인을 입체적으로 표현하기 위해서 백콤(back comb)기법과 함께 사용되는 것이 헤어패딩(보조머리)이다. 백콤(back comb)만으로 볼륨감을 표현하기에는 한계가 있는 경우가 자주 발생하게 된다. 이럴 때 디자인에 맞는 보조머리를 만들어서 사용하면 효과적이다. 빠른 시간 안에 입체적으로 연출할 수 있을 뿐만 아니라 특히 두상의 결점을 만족하게 보완해 줄 수 있기도하다.

헤어 패딩의 역할은 모량을 보충하여 부족한 높이와 넓이를 만들고, 타이트한 부분의 형태 보강, 토대를 커버하고 두상의 밸런스를 형성하는 등, 업스타일 디자인의 입체적인 실루엣을 표현하는데 있다.

① 머리카락 묶음을 준비한다.

② 원하는 패딩의 크기에 따라 등분한다.

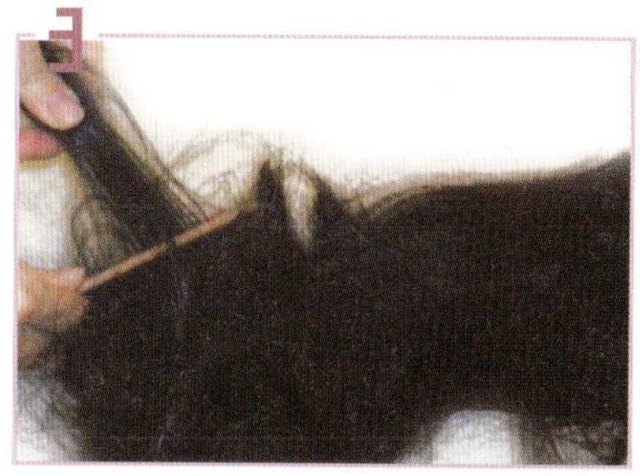
③ 머리카락 전체에 백콤을 넣으며 한 덩어리가 되도록 연결한다.

④ 스프레이를 분무해주면서 고르게 백콤 작업을 한다.

⑤ 스프레이 후 모발을 건조시켜 힘을 준 다음 백콤을 마무리한다.

⑥ 적당한 크기로 모양을 정리한 다음 망을 씌운다.

⑦ 완성된 형태

⑧ 모양 변형

7. 프론트(Front)디자인 하기

업스타일에서 정면에서 보여지는 디자인의 구성은 고객의 입장에서는 전부라 할만큼 큰 비중을 차지한다. 그래서 흐름을 만들기 위한 기초 과정인 세트 와인딩이 무엇보다 중요하다 할 수 있다. 와인딩에서 고려해야 할 사항은 볼륨에 따라 빗질의 각도가 달라지고, 얼굴형에 맞는 실루엣을 고려해서 롤의 굵기를 선정하며 모발흐름에 대한 성질을 이해하고 블로우 드라이로 마무리해야한다.

1 업스템으로 와인딩하여 모발 끝 방향이 위로 가는 형태 : 삼각형의 얼굴형 방향성 커버

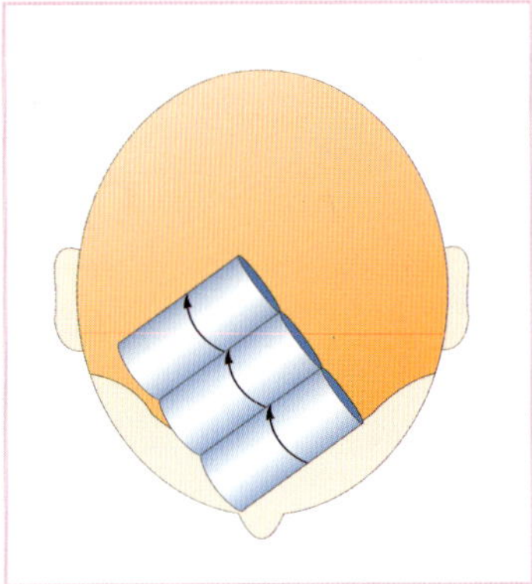

2 업스템으로 와인딩하여 올백으로 넘어가는 형태 : 큰 얼굴형과 각진 턱은 피한다.

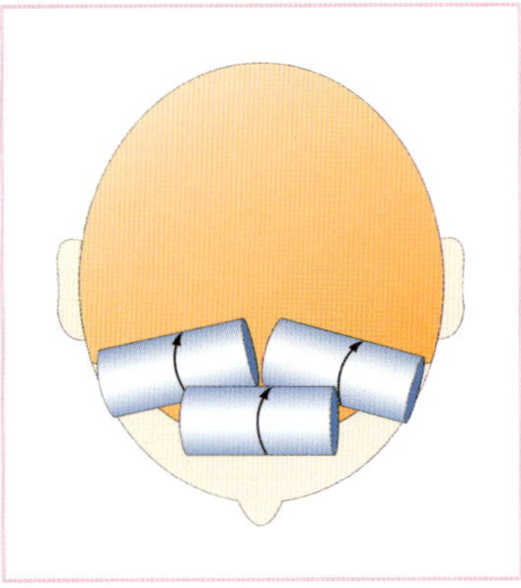

3 다운스템으로 와인딩하여 모발 끝 방향이 아래로 가는 형태 : 삼각형, 마름모형의 얼굴형 커버.

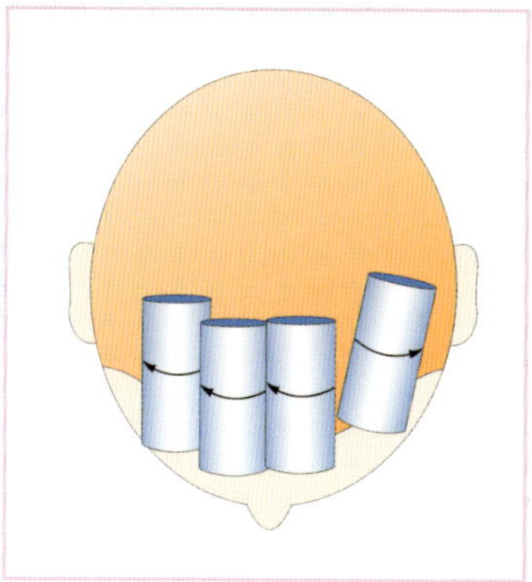

4 업스템과 다운스템을 함께 사용하여 올백으로 볼륨을 주면서 얼굴형을 보완할 수 있는 형태 : 역삼각, 사각형의 얼굴형에 적합

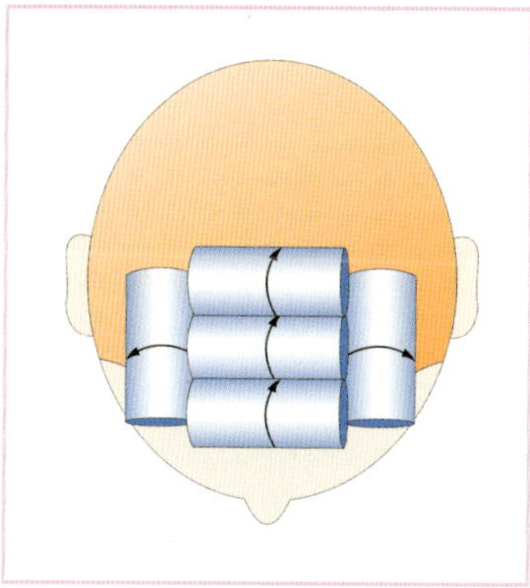

5 스텐드스템으로 와인딩하고 모발 끝 방향이 아래로 가는 형태 : 둥근 형의 얼굴형 커버

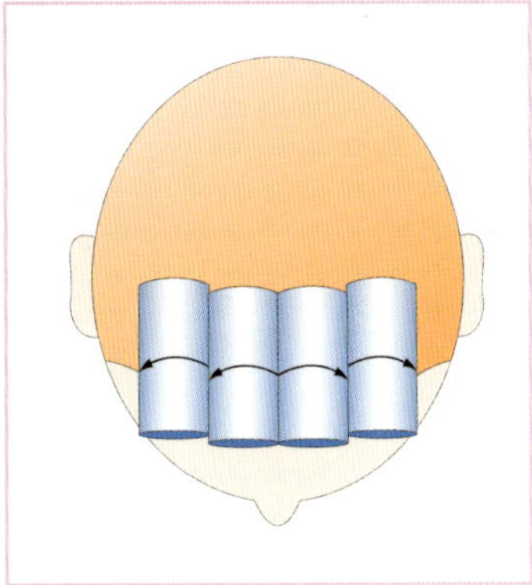

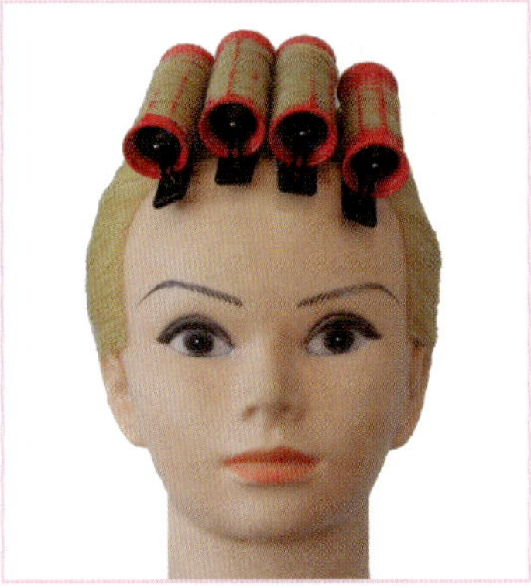

6 스텐드스템으로 와인딩하고 모발 끝이 위로 가는 형태 : 삼각형, 마름모형 얼굴에 부적합

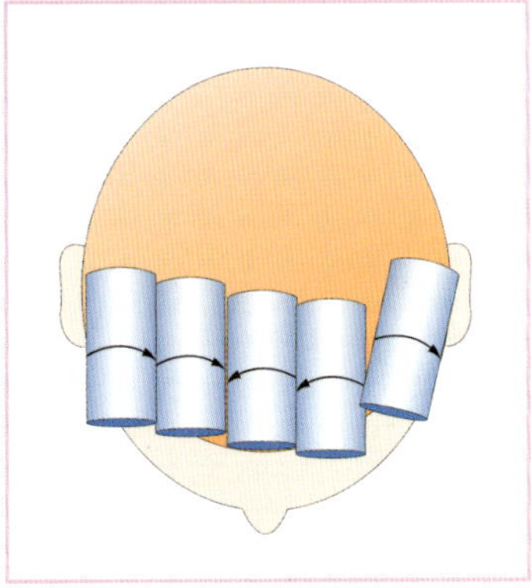

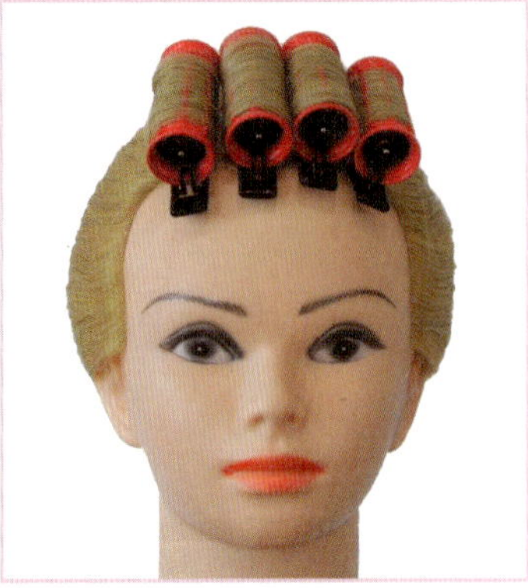

업스타일 디자인 훈련 과정

1. 꼬기(Twist)
2. 겹치기(Overlaps)
3. 땋기(Brads)
4. 매듭짓기(Knot)
5. 고리 만들기(Loop)
6. 롤 돌리기(Rolls)

학습요점

제4장에서는 업스타일을 다양하고 흥미 있는 작업으로 유도 할 수 있는 디자인 기법을 먼저 마네킹에 적용시켜 보는 훈련과정이다.

1. 꼬기(Twist)

꼬기는 한 가닥 또는 두, 세 가닥의 머리를 돌려 말아서 밧줄 같은 모양을 만들어내는 디자인 기법이다.

1) 한 가닥 꼬기

한 가닥 꼬기는 한 가닥의 머리를 시계방향(오른쪽), 혹은 반시계방향(왼쪽)으로 비틀어 마는 방법이다. 밧줄처럼 감기는 효과를 주기 위해서, 머리다발을 탄탄하게 꼬아 모근 쪽으로 밀어주면서 반복 시술한다.

① 눈썹 꼬리 위에서부터 G.P까지를 연결하여 두상을 등분한다.

② G.P에서 E.P까지 세로로 2등분하여 나눈 뒤 다시 가로로 2등분하여 묶는다.

③ ①번의 모발을 곱게 빗어 네이프 부분의 모발과 함께 합친다.

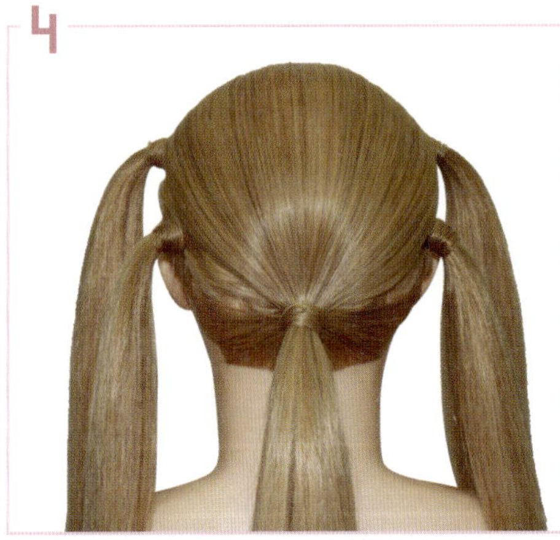

④ 합한 모발을 B.P지점에서 묶어 정리한다.

5

⑤ 왼쪽부터 묶어진 머리다발을 한쪽 방향으로 꼬아 토대 주위로 둥그렇게 말아 고정한다.

6

⑥ 같은 방법으로 양 사이드를 디자인 한다.

7

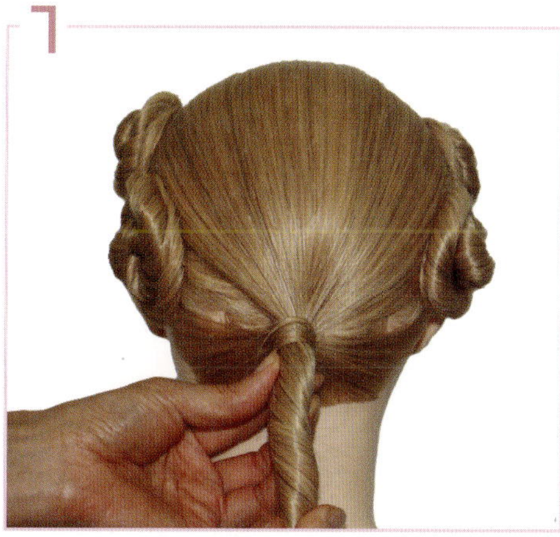

⑦ B.P지점의 머리 묶음도 크게 꼬아 돌려 정리한다.

8

⑧ 완성된 모습

My photo gallery

2) 두 가닥 꼬기

모발을 두 가닥으로 나누어 잡고 양손의 머리다발이 서로 번갈아 위로 올라오며 꼬아지게 하는 기법이다.

1

① 모발 전체를 네이프 쪽으로 곱게 빗어 넘긴 뒤 핀셋으로 시농 위치를 잡아준다.

2

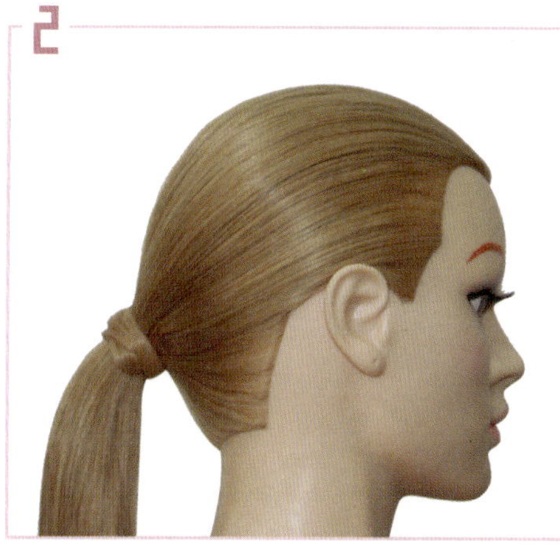

② ①번의 모발을 B.P점에서 묶어준다.

3

③ 머리다발을 크게 2등분 한다.

4

④ 한쪽 머리다발을 다시 2등분하여 오른손의 모발을 왼손 머리다발 위로 넘겨 꼬아준다.

5

⑤ 두 가닥으로 꼬기 한 머리다발을 시뇽 왼쪽에 돌려서 모양을 잡아준다.

6

⑥ 오른쪽 머리다발도 마찬가지로 두 가닥 꼬기를 한 다음 끝부분은 백콤을 넣어 풀리지 않게 한다.

7

⑦ 시뇽 오른쪽에 돌려서 모양을 잡아준 뒤 핀으로 고정한다.

8

⑧ 완성된 옆모습

My photo gallery

3) 여러 가닥 꼬기

하나의 포니테일을 여러 등분하여 한 방향으로 꼬기 한 후 두상에 밀착시켜 디자인하는 방법이다. 볼륨감을 주기 위해 탑을 쌓듯이 연결해 가는 것에 주의한다.

1

① 머리카락 전체를 G.P지점으로 모아서 묶는다.

2

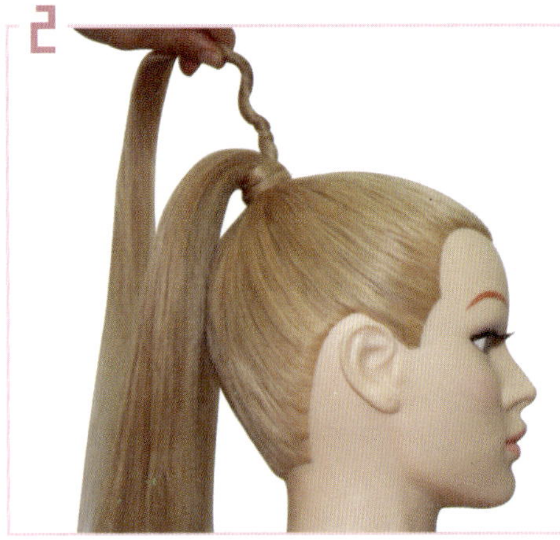

② 소량씩 머리다발을 나누어 한 가닥씩 오른쪽 방향으로 꼬아준다.

3

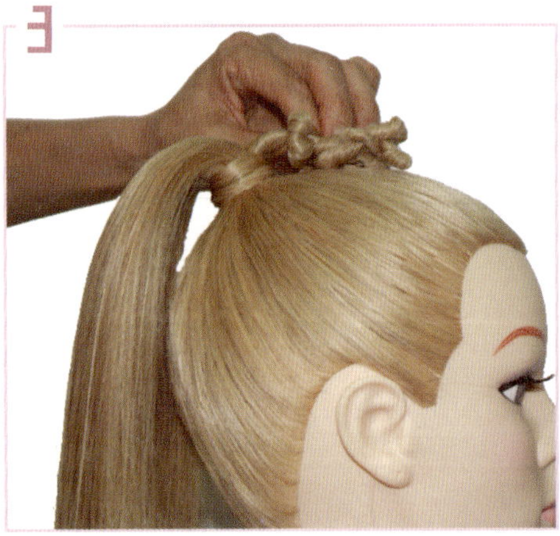

③ 꼬아주기를 한 상태에서 그대로 두상 위에 밀착시켜 모양을 잡아준다.

4

④ 같은 방법으로 토대 주위를 돌아가면서 반복 작업한다.

⑤ 토대를 둘러서 한 단의 꼬기가 완성되면 계속해서 탑을 쌓듯 높이감을 주면서 반복한다.

⑥ 빈 공간의 보완과 위로 갈수록 넓이를 축소시켜 주는 작업에 주의하며 반복한다.

⑦ 완성된 앞모습

⑧ 완성된 옆모습

My photo gallery

2. 겹치기(Overlaps)

겹치기는 두 개의 머리다발을 반대쪽으로 교차해서 교차된 십자모양의 문양효과를 얻는 것으로 섹션의 크기나 양, 위치에 따라 형태의 변화를 다양하게 유도할 수 있다.

1) 아래로 겹치기

두 가닥의 머리다발이 교대로 다른 가닥의 위로 겹치며, 아랫방향으로 진행하는 디자인이다. 여기서는 늘어지는 볼륨 효과를 만들어내기 위해 크라운에서 시술각을 유지하고 반복하여 교대로 겹쳐준다.

① 먼저 두상의 곡면을 따라 자연스럽게 기본 파팅을 한다.

② 파팅 한 모발을 2등분하여 오른쪽 머리다발을 왼쪽가닥 위로 겹친다.

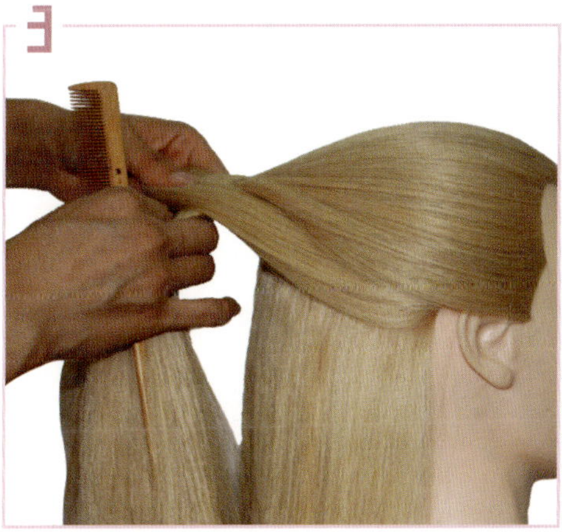

③ 두상의 모발을 2cm 간격으로 ①의 파팅선과 평행이 되게 잡아서 교차되는 모발에 합쳐준다.

④ 같은 방법으로 교차하면서 처음 교차 지점에 시술 각을 맞춘다.

5

⑤ 네이프 머리까지 모두 들어 교차한 다음 남은 모발은 네 가닥으로 교차한다.

6

⑥ 끝머리는 묶거나 백콤을 넣어 마무리한다.

7

⑦ 마무리한 끝머리를 안으로 말아 넣어 핀으로 고정한 다음 볼륨을 조절한다.

8

⑧ 완성된 뒷모습

My photo gallery

2) 위로 겹치기

머리다발을 교대로 다른 가닥의 위로 겹쳐주며 위 방향으로 진행해 가는 방법이다. 여기에서는 원뿔형의 모양을 위해 크라운에 토대를 하여 그 둘레에 겹쳐 둘러주는 방법을 이용하였다.

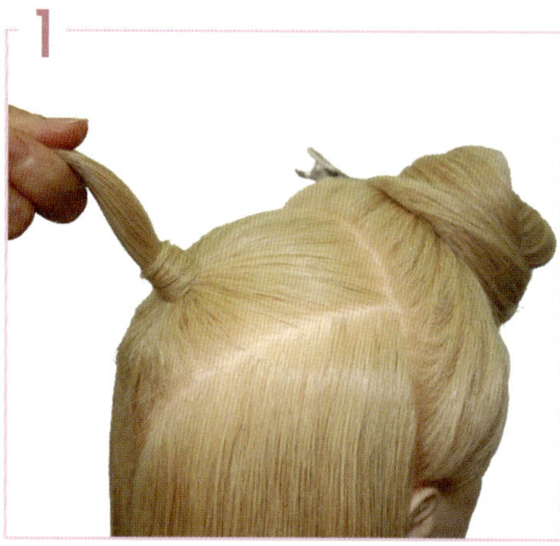

① E.P에서 T.P로 연결하여 기본 브로킹을 한 다음 T.P와 E.P의 양쪽 1/2지점에서 B.P와 연결하여 삼각형 모양이 되게 한다.

② 삼각형 모양의 베이스머리를 G.P 부분에 모아 두 가닥 꼬기를 하여 토대를 만들어 준다.

③ 삼각라인 밖의 모발을 양쪽으로 4등분씩 나눈다.

④ 가장 아랫부분의 모발부터 한 가닥씩 들어 서로 교차한 다음 토대위에 돌려 얹는다.

5

⑤ 8개로 나누어 놓은 머리다발을 같은 방법으로 서로 교차하여 토대위에 돌려 얹는다.

6

⑥ 프런트와 사이드의 모발을 센터를 중심으로 3등분씩 나눈다.

7

⑦ 중앙의 양쪽부터 서로 교차하여 토대 위로 돌려 흐름에 맞게 정리한다.

8

⑧ 완성된 옆모습

My photo gallery

3. 땋기(Brads)

딸기는 세 가닥 이상의 홀수 머리다발을 교차와 꼬기를 반복하여 엮는 형태이다. 심플하면서도 오밀조밀한 디자인 형태를 보여주는 땋기는 세 가닥 기본 땋기부터 여러 가닥 땋기까지 다양하게 응용할 수 있다.

1) 세 가닥 위로 땋기

기본 땋기로 바깥가닥이 교대로 가운데 가닥 위로 겹쳐서 모양을 만들어낸다. 이 기법을 사용했을 경우 땋는 가닥이 속으로 들어가서 디자인되어 진다.

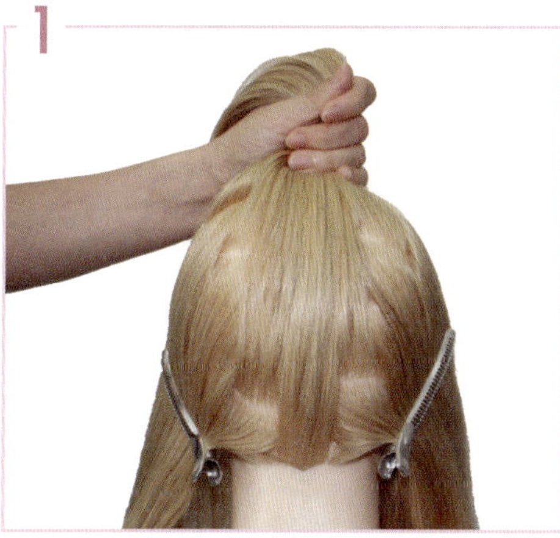

① 두상의 중앙 부위를 지그재그로 세로 가르마해서 전체를 3등분 한다.

② 먼저 중앙섹션에서 프런트 모발을 적당히 파팅 한 다음 세 가닥으로 나누어 잡는다.

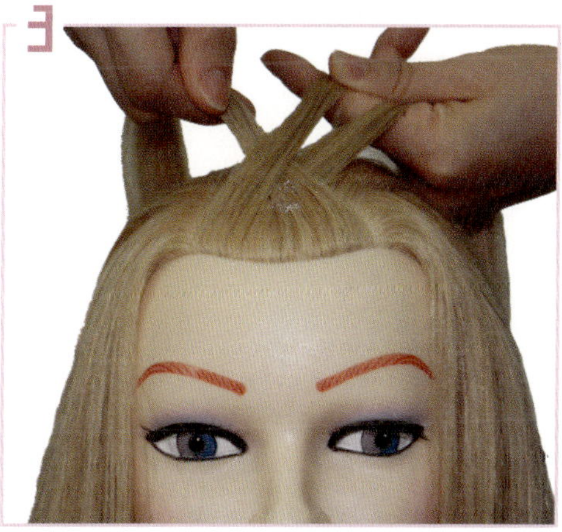

③ 세 가닥 기본 땋기를 시작 한다.

④ 두상의 모발을 대각으로 파팅해서 땋기 한 모발에 합쳐준다.

5

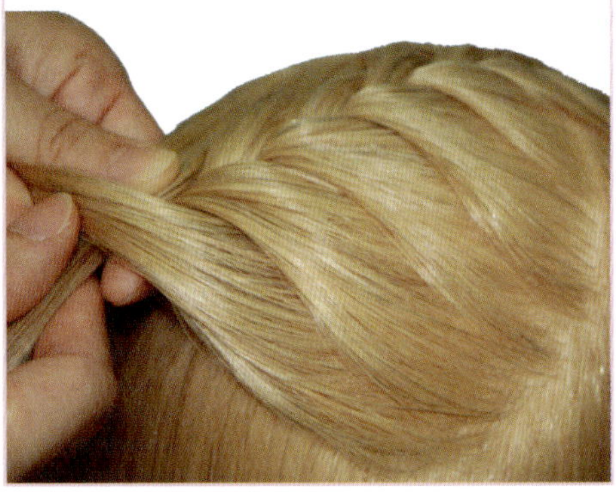

⑤ 양쪽 방향을 동일한 방법으로 작업을 이어간다.

6

⑥ 마지막까지 땋기를 하고 끝부분은 5cm 정도를 남겨 백콤을 넣는다.

7

⑦ 백콤한 부분에 스프레이를 도포한 다음 정리한다.

8

⑧ 등분한 왼쪽 모발을 파팅 한 다음 중앙 부위와 마찬가지로 세 가닥 끌어 땋기를 한다.

9

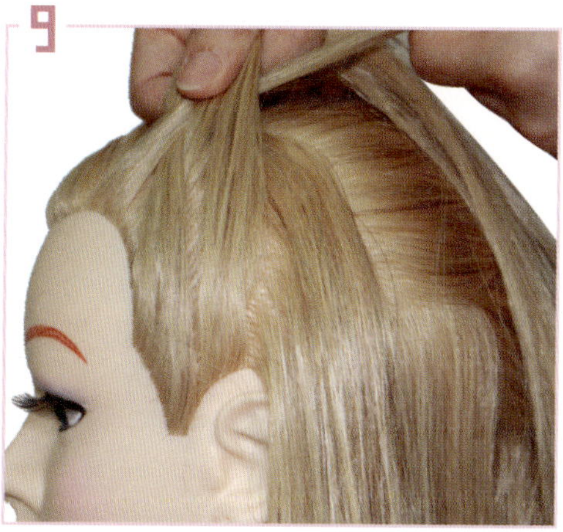

⑨ 두상의 곡면을 따라 동일한 방법으로 끌어 땋기를 하고 마무리한다.

10

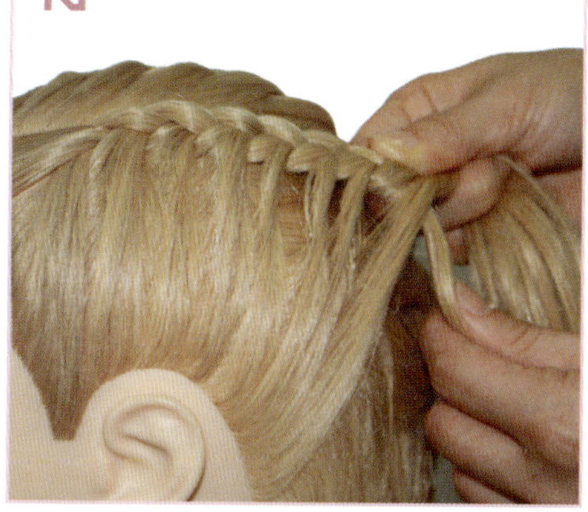

⑩ 오른쪽도 동일한 방법으로 땋기를 하면서 네이프 부분에서는 두상에 밀착시켜 모발이 들뜨지 않도록 주의한다.

11

⑪ 세 파트의 세 가닥 기본 끌어 땋기가 완성된 상태

12

⑫ 빗 꼬리를 이용하여 각각의 파팅에서 일정한 볼륨 빼 주기를 한다.

13

⑬ ⑪번의 땋기 가닥을 네이프에서 내려 잡고 가볍게 다시 기본 땋기를 한다.

14

⑭ 마무리하여 묶은 다음 둥글게 안으로 말아준다.

15

⑮ 말아 올린 모발을 네이프로 밀어 넣은 다음 핀으로 고정한다.

16

⑯ 완성된 뒷모습

My photo gallery

2) 세 가닥 아래로 땋기

이 땋기는 바깥가닥이 교대로 가운데 가닥 아래로 겹쳐진다. 이 기법을 이용했을 경우에는 땋는 가닥이 겉으로 나오게 된다. 여기에서는 두상의 곡면을 따라 라운드 형태로 돌아가며 디자인되는 기법을 응용하였다.

① 후두부에 약간 백콤을 넣어 B.P위로 약간 라운드 형태를 돌려 핀을 꽂아둔다.

② 왼쪽 사이드에 가르마 선을 두고 수직으로 2cm가량 기본 파팅한 다음 3등분한다.

③ 먼저 오른쪽 가닥을 가운데 가닥 아래로 교차한다.

④ 왼쪽 가닥을 다시 가운데 가닥 아래로 교차해 주면서 두상의 모발을 대각으로 떠서 땋기 하는 모발에 합쳐준다.

5

⑤ 두상의 사이드를 돌아가면서 파팅의 분배에 주의한다.

6

⑥ 두상 곡면을 따라 반시계방향으로 동일하게 작업해 간다.

7

⑦ 남은 모발 길이를 끝까지 땋기 하여 처음 시작부분과 연결되도록 돌려서 정리한다.

8

⑧ 완성된 뒷모습

My photo gallery

3) 여러 가닥 땋기

딸기 디자인에서 세 가닥 이상을 땋을 경우에는 머리다발이 다른 가닥의 위와 아래로 반복하며 겹쳐져서 옷감을 짤 때와 같은 작업과정이 이루어진다. 여기에서는 7가닥 땋기를 응용하였다.

1

① 모발 전체를 B.P지점으로 곱게 빗질하여 모은 다음 묶어서 정리한다.

2

② 묶은 모발을 7가닥으로 똑같이 나눈다.

3

③ 먼저 가운데 세 가닥을 잡아 가닥 위로 땋기를 시작한다.

4

④ 다음은 4, 5번째 머리가닥을 집어 옆 가닥의 위와 아래로 교차한다.

5

⑤ 마찬가지로 6, 7번째 양 가닥을 똑같이 반복 작업한다.

6

⑥ 마무리한 쪽은 핀셋으로 고정한 다음 반대편 작업을 하면서 진행한다.

7

⑦ 동일한 방법으로 끝까지 시술한다.

8

⑧ 땋기가 끝나면 마지막 6cm를 남겨 묶거나 마무리한다.

9

⑨ 완성된 모발을 ①번 위로 올려 약간 곡선 모양이 되게 핀으로 고정한다.

10

⑩ 아래로 내려 안으로 말아 넣어 핀을 감춰 마무리한다.

11

⑪ 핀과 스프레이로 마무리한다.

12

⑫ 완성된 옆모습

My photo gallery

4. 매듭 짓기(Knot)

매듭은 머리다발을 묶어서 사슬모양의 디자인 효과나 묶어진 형태를 토대로 원하는 스타일을 다양하게 유도할 수 있다. 또한 크기, 두상과 머리다발의 위치에 따라 다양하게 변화를 줄 수 있다.

1) 한 줄 매듭

한 줄 매듭은 한 가닥으로 원형을 만들어 머리다발의 끝을 가운데로 넣어 뺌으로써 만들어진다. 여기에서는 두상 위에 세 개의 포니테일을 만들어 수직으로 길게 묶기를 연결하는 디자인을 보여준다.

1

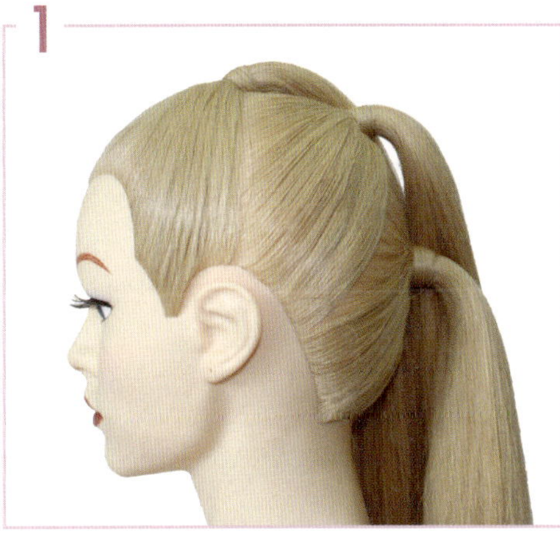

① 두상의 수직선상에 약 5cm 간격을 두어 3개의 포니테일을 만들어 준다.

2

② 맨 위에 포니테일을 먼저 반 시계 방향으로 돌려 원을 민들어 준다.

3

③ 원 안으로 모발 끝을 돌려 넣어 빼서 묶기를 한다.

4

④ 두 번째 포니테일도 동일하게 묶기를 한다.

5

⑤ 세 번째 포니테일도 동일하게 작업하면서 남은 끝 길이는 핀셋으로 임시 고정해 놓는다.

6

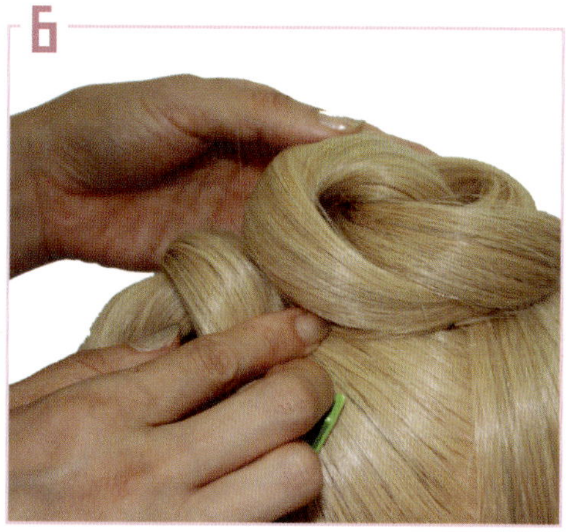

⑥ 남은 모발길이를 묶기 디자인에 연결시켜 돌려 얹는다.

7

⑦ 묶기 모양이 잘 드러나 보이도록 정리한다.

8

⑧ 완성된 모습

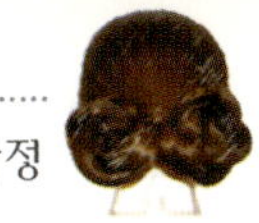

My photo gallery

2) 두 줄 매듭

두 줄 매듭은 두 가닥의 머리다발로 함께 묶어서 두상 위에 얹거나 계속 묶기를 반복하여 사슬모양을 만들기도 한다. 여기에서는 두상 위에 수직으로 두 개의 포니테일을 한 다음 서로 묶어서 디자인하는 기법을 응용하였다.

1

① 두상을 수평으로 2등분하여 G.P 부분에 먼저 묶기 한다.

2

② 10cm 간격을 두어 B.P지점에 또 하나의 포니테일을 한다.

3

③ 두 개의 포니테일을 들어서 먼저 아래 가닥을 위로 돌린다.

4

④ 양손의 머리다발을 적당히 당겨준다.

5

⑤ 남은 모발길이를 두 개의 토대위에 돌려 얹어 정리한다.

6

⑥ 전체 디자인의 모양과 위치를 살펴서 정리한다.

7

⑦ 완성된 뒷 모습

8

⑧ 완성된 옆 모습

My photo gallery

3) 여러 개의 매듭

여러 개의 머리가닥을 나누어 묶어서 도드라진 질감을 강조해주는 디자인이다. 여기에서는 크라운 주위를 에워싸며 연결해 가는 매듭 디자인을 보여준다.

1

① 원하는 사이드를 나누어 E.B.P까지 연결하여 준다.

2

② 크라운부분에서 적당한 원모양으로 파팅을 한 다음 주변을 사다리꼴 모양으로 5등분한다.

3

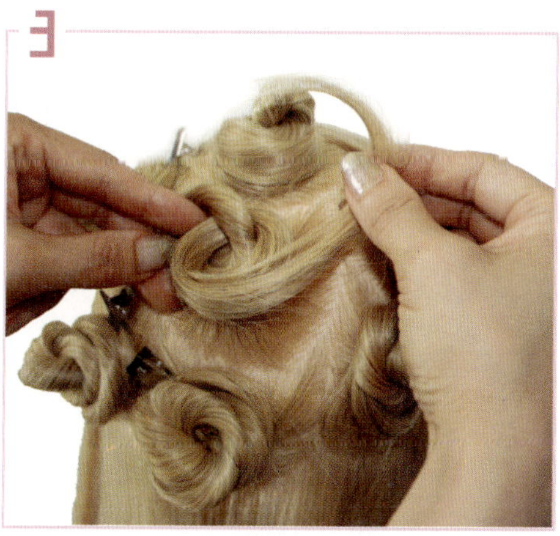

③ 먼저 두상 중앙의 파팅부터 한줄 매듭짓기를 한다.

4

④ 남은 모발길이를 계속해서 매듭을 지은 다음 두상에 얹어 핀으로 고정한다.

⑤ 사다리꼴 모양으로 파팅해 놓은 부분도 마찬가지로 작업한다.

⑥ 두상을 라운드형태로 돌아가며 작업 한 다음 네이프 부분의 모발은 적당하게 파팅하여 먼저 두상 위쪽으로 올려 핀으로 토대를 만들어준다.

⑦ 동일한 방법으로 작업해가면서 공간이 비지 않도록 묶기 배치를 한다.

⑧ 사이드도 마찬가지로 두 개로 파팅을 나눈 다음 핀으로 토대를 만들어 준다.

9

⑨ 고정된 가닥을 동일한 방법으로 매듭을 완성시킨다.

10

⑩ 잔머리와 매듭위치를 정리하여 마무리한다.

11

⑪ 완성된 옆 모습

12

⑫ 완성된 뒷 모습

My photo gallery

5. 롤 돌리기(Rolls)

롤은 전체 머리다발 자체가 안으로 말려 들어가면서 감겨지는 모양을 말한다. 시술하기 전 머리길이를 충분히 고려하여 롤이 놓여지는 방향이나 볼륨을 조절해야 한다.

1) 수직 롤

이 롤은 수직축을 따라 네이프에서 시작하여 점차 위로 올라가면서 소라모양의 형태를 만들어 준다. 모발 자체에 백콤 작업을 먼저 하기도 하지만 여기에서는 머리싱(헤어 패딩)을 사용하였다.

① 눈썹 위 2/3 지점에서 G.P지점까지 삼각형으로 연결하여 앞머리를 등분한다.

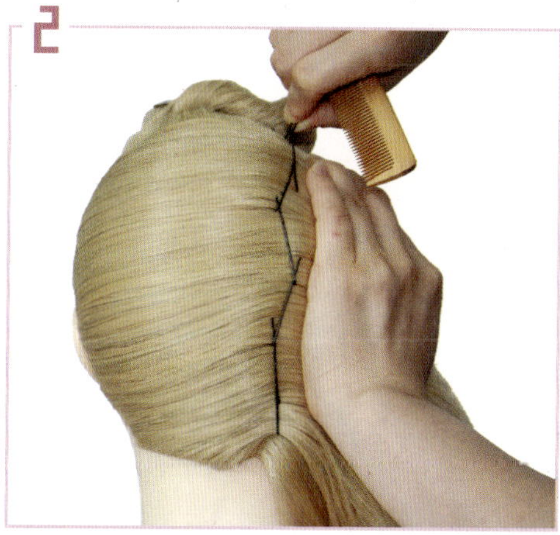

② ①을 제외한 모발 전체를 오른쪽으로 빗질한 다음 중앙에서 약간 벗어나 헤어핀을 수직으로 꽂는다.

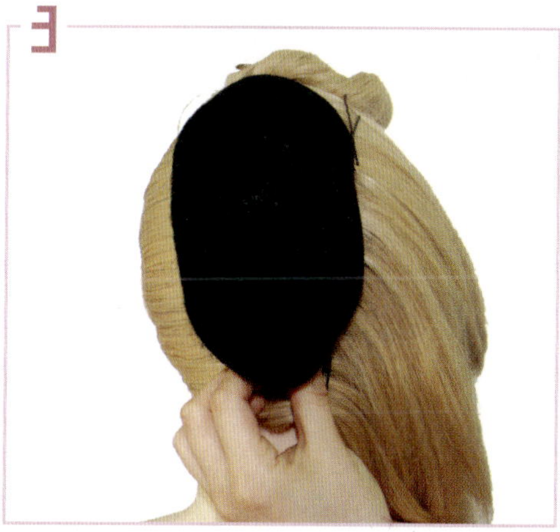

③ 핀 처리한 위에 만들어 놓은 헤어패딩을 올려 고정한다.

④ 헤어패딩 위로 비껴놓은 모발을 빗질하여 꼬리 빗을 이용해 감아준다.

⑤ 감아진 부분을 핀으로 고정하고 남은 길이는 G.P지점 위로 올려 말아서 고정한다.

⑥ 프런트에 남겨둔 삼각라인 안의 모발을 오른쪽으로 빗질하여 돌려준다.

⑦ 롤 방향의 흐름을 잘 살려 정돈하고 스프레이로 고정한다.

⑧ 완성된 옆 모습

2) 윤곽 롤

윤곽 롤은 헤어라인과 두상의 곡면을 따라 이동해 가면서 길게 원통형의 모양을 만들어 가는 디자인이다. 모발 양이나 위치조절에 따라 다양하게 응용되어 질 수 있다. 여기에서는 네이프 라인에서 이어지는 윤곽롤을 응용하였다.

1

① 눈썹 위 2/3 지점에서 G.P부분까지를 원으로 연결하여 등분한 다음 양쪽 사이드를 후두부로 빗질하여 핀으로 고정한다.

2

② 남겨둔 프론트와 크라운 부분의 모발에 백콤을 넣어준다.

3

③ 곱게 빗질하여 정리하고 B.P부분에 라운드 형태로 핀처리를 해서 고정한다.

4

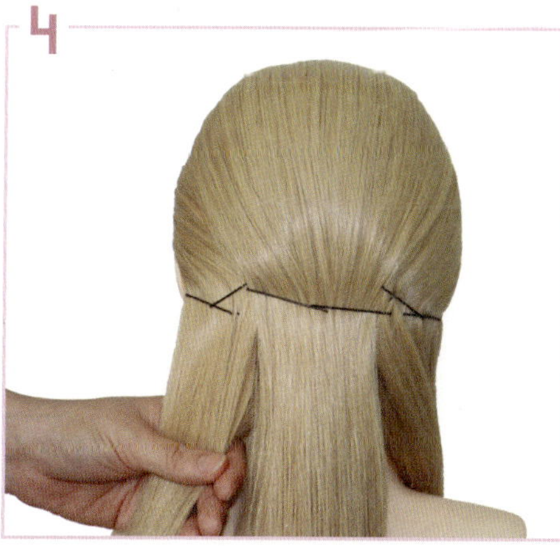

④ 네이프에 모아진 모발을 3등분한다.

5

⑤ 왼쪽의 모발부터 가볍게 백콤하여 정리하여서 원통모양으로 말아준 다음 네이프에 고정시켜 준다.

6

⑥ 가운데 등분을 남겨두고 오른쪽의 모발도 같은 방법으로 정리하여 준다.

7

⑦ 마지막 중앙의 머리다발을 빈 공간에 곱게 정리하여서 고정해 준다.

8

⑧ 완성된 옆 모습

My photo gallery

6. 고리 만들기(Loop)

머리다발을 접거나 둥그렇게 하여 곡선모양으로 고정시켜 만드는 고리모양의 변형에 의해 다양한 디자인을 유도할 수 있다. 또한, 고리 숫자의 증가에 따라 형태의 확장이나 볼륨감을 조절하여 표현할 수 있다.

1) 외고리

외고리는 한 개의 고리를 만들기 위해 모발을 접어 핀으로 고정하는 것이다. 여기에서는 모발 전체를 5등분 한 다음 크게 접어 넣어 꽃 같은 모양을 연출하고자 한다.

1

① 모발 전체를 빗질하여 G.P지점에 모아 묶는다.

2

② 모발 전체를 5등분하여 나눈다.

3

③ 첫 번째 머리다발의 바깥부분을 백콤 한 다음 매끈하게 다듬어준다.

4

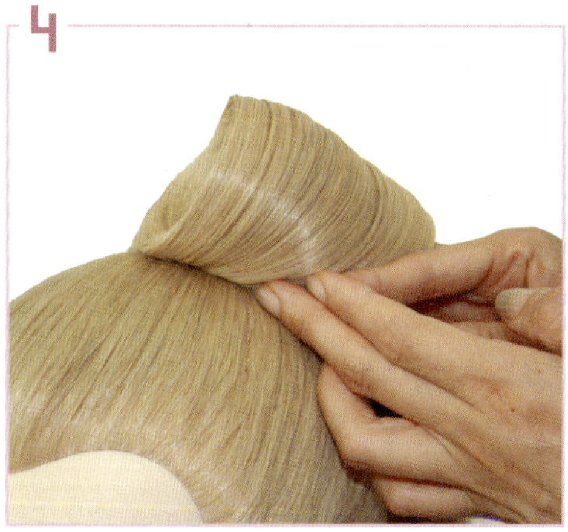

④ 위쪽으로 접어서 고리를 고정한 다음 모양을 늘여주어 정리한다.

⑤ 동일한 방법으로 4개의 고리를 만들어 묶음 토대 주위에 둘러서 고정해 준다.

⑥ 마지막 머리다발을 ③번과 같이 정리하여 4개의 고리 위 중앙에 오도록 위치를 잡아준다.

⑦ 꼬리 빗을 이용해 깔끔하게 정리해 준 다음 고정한다.

⑧ 완성된 뒷 모습

My photo gallery

2) 짝고리

한 개의 섹션으로 두 개의 고리를 만드는 것으로 같은 모양과 방향으로 만들어지거나 또는 다른 모양과 방향의 혼합으로 형태를 달리 할 수 있다. 여기에서는 두 개의 고리가 서로 대각이 되게 위치하도록 디자인한다.

1

① T.P, G.P, B.P에 각각 묶기 하여 3개의 토대로 등분한다.

2

② 먼저 T.P의 포니테일을 3등분한다.

3

③ 겉에 백콤을 넣은 다음 안쪽을 곱게 빗어 정리한다.

4

④ 머리다발을 오른쪽으로 접어 끝을 왼쪽으로 빼내어 첫 번째 고리를 만든다.

⑤ 나머지 가닥도 같은 방법으로 마무리한다.

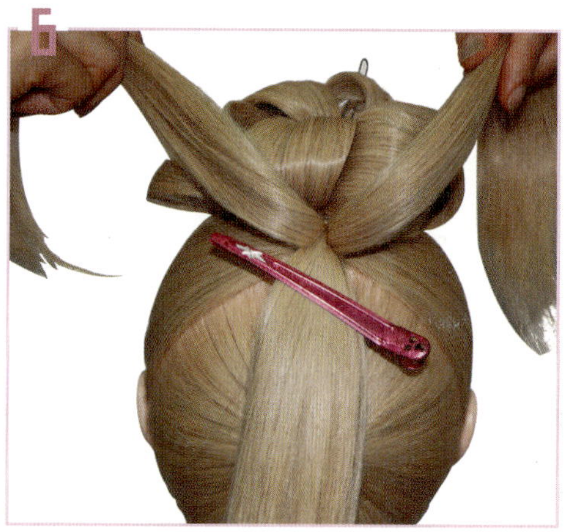

⑥ 두 번째 가닥의 포니테일도 3등분한다.

⑦ 남겨둔 가운데 가닥은 ⑥번 위로 올려 디자인한다.

⑧ 두 번째 포니테일이 완성된 모습.

9

⑨ 3번째 가닥을 다시 3등분한다.

10

⑩ 동일한 방법으로 짝고리를 만들어 공간이 비지 않도록 배치하고 고정한다.

11

⑪ 완성된 뒷 모습.

12

⑫ 완성된 옆 모습

My photo gallery

5 업스타일 응용

1. 웨딩 업스타일
2. 한복 업스타일
3. 파티 업스타일
4. 연주회 업스타일

학습요점

제5장에서는 기술적인 디자인 훈련 과정을 통해 익힌 디자인 기법들을 다양하게 활용할 수 있도록 하였다. 아울러 독창적인 스타일 창출을 통해 고객의 선호도에 부합 할 수 있는 디자이너로서의 역량과 자신감을 주고자 함이 이 단원의 목표이다.

1. 웨딩 업스타일

성인 남녀가 부부임을 알리는 신성한 의식과 관련한 헤어스타일에 디자이너는 마음 깊이 축복하는 마음을 담아, 신부의 독특한 분위기를 조화롭게 연출해 줄 수 있어야 한다.

작품 1 약혼식

귀엽고 수줍은 소녀적인 이미지 표현

① 프런트 부분을 제외하고 T.P를 중심으로 한 크라운 부위와 후두부를 양분하여 두상을 3등분한다.

② 크라운 부위의 머리카락을 앞쪽에서부터 두 가닥 교차하기로 디자인한다.

③ 두 가닥 교차를 마무리 하여 고정 시킨다.

④ 교차하고 남은 모발 길이로 가르마 위에 모양을 잡아 둔다.

⑤ 양쪽으로 묶었던 머리는 3등분하여 고리 만들기로 디자인한다.

⑥ 앞머리는 짧은 커트 길이를 그대로 활용하여 한쪽으로 내려준다.

⑦ 뒷머리 고정을 위한 핀을 정리하고 의상에 맞는 소품을 장식한다.

⑧ 완성된 옆 모습

작품 2

야외 및 기타 촬영

촬영 배경이나 의상에 맞게 다양하고 개성 있는 연출이 가능하도록 표현

① T.P를 중심으로 크라운 부위의 머리카락을 등분한다.

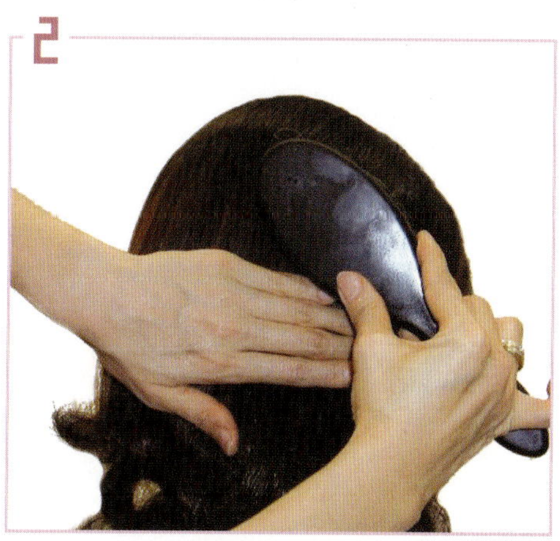

② 등분한 부분에 백콤을 넣은 다음 곱게 정리한 후 핀셋으로 고정시켜 둔다.

③ 가르마가 있는 사이드(F.S.P)에서 모발을 세 가닥 아래 땋기를 시작한다.

④ 두상의 곡면을 따라 땋기 하면서 한단에 한 가닥씩 생머리를 빼내 둔다.

⑤ 네이프 부분을 돌아오면서는 자연스럽게 각도를 내리면서 연결하고 끝부분은 백콤하여 마무리 한다.

⑥ 앞머리는 눈썹 위에 오도록 짧게 커트하여 아이롱으로 펴서 정리한다.

⑦ 빼어 놓은 생머리 가닥을 한 가닥 한 가닥 교차하여 생머리와 웨이브로 모양을 잡는다.

⑧ 완성된 앞 모습

작품 3

결혼식

우아하면서 품격 있는 성숙한 여인의 이미지 표현

① 두상을 네 구역으로 등분한다(앞-T.P에서 E.P로 양 등분, 뒤-양 E.P를 중심으로한 양 등분).

② 먼저 네이프 부분의 머리카락을 백콤한다.

3

③ 백콤한 부분을 잘 정돈하여 묶는다.

4

④ T.P와 B.P지점의 머리카락을 깊게 백콤하여 볼륨감을 준다.

5

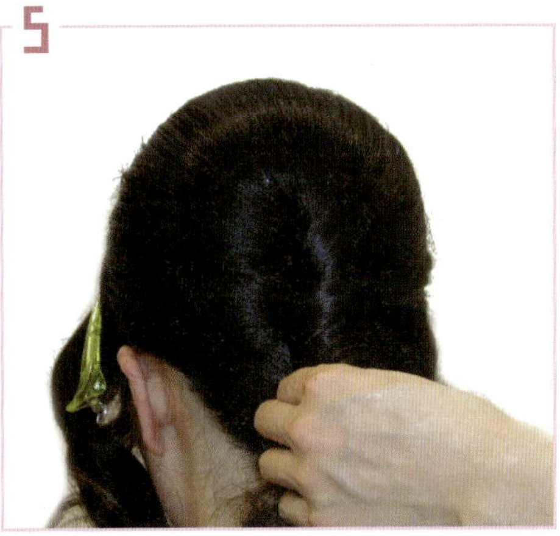

⑤ 백콤한 부분을 곱게 정리하고 오른쪽으로 한바퀴 틀어서 고정한다.

6

⑥ 네이프 부분은 망을 사용하여 양방향으로 부풀려 모양을 낸다.

7

⑦ ⑤번의 남은 길이를 이용하여 두상위에 면처리로 웨이브를 잡아준다.

8

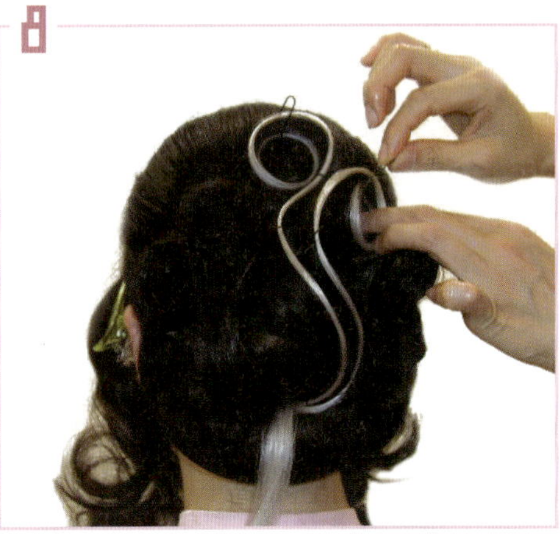

⑧ 검은 머리색의 단조로움을 보완하기위해 흰색 피스 가닥을 활용하여 변화를 준다.

9

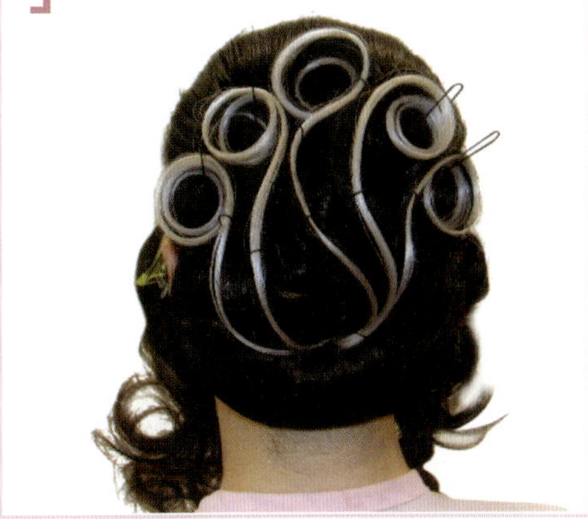

⑨ 모양 잡아진 웨이브를 큰 U핀으로 임시 고정한 다음 스프레이로 고정한다.

10

⑩ 앞머리는 약간의 볼륨을 살려 양쪽으로 나눈 다음 자연스럽게 뒷머리와 연결하여 고정한다.

11

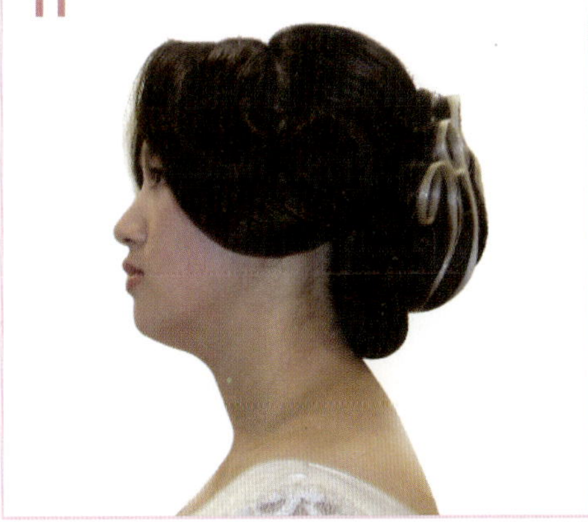

⑪ 완성된 옆 모습

12

⑫ 완성된 앞 모습

2. 한복 업스타일

우리의 전통 의상인 한복 업스타일에서는 한복이 가진 고유의 우아한 선과 자태를 돋보여 줄 수 있는 차분하면서도 자연스러운 볼륨감을 연출 해 줄 수 있어야 한다.

작품 1

고전적인 한복의 선과 색상에 어울어질 수 있는 성숙하면서도 단아한 이미지를 표현해 준다.

1

① T.P부터 E.B.P 아래로 3cm 정도를 내려 기본 브로킹을 한다.

2

② 후두부 전체를 백콤한 다음 곱게 정리하여 B.P지점에 묶어준다.

3

③ 사이드에서부터 가르마 위치를 고려해 모발을 세 가닥으로 나누어 잡은 다음 손목을 돌려 세 가닥 꼬기를 시작한다.

4

④ 사이드에 있는 두상의 모발을 2cm 정도로 수평 파팅을 해서 세 가닥 꼬기에 들어 올려서 합쳐준다.

5

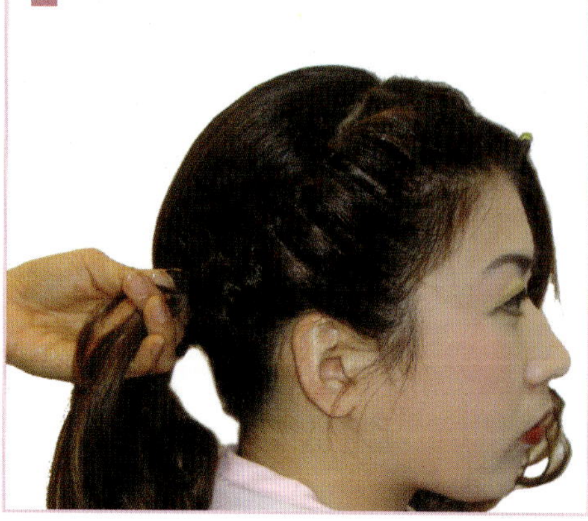

⑤ 동일한 방법으로 반복하여 작업한다.

6

⑥ 꼬기를 마친 모발은 B.P의 묶음 토대 위에 돌려서 정리한다.

7

⑦ 반대편에서도 동일하게 세 가닥 꼬기를 하면서 두상의 모발을 들어 올려 합쳐준다.

8

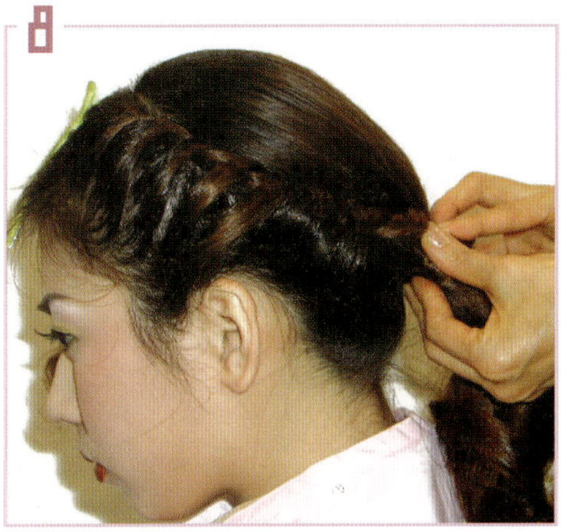

⑧ ⑥번과 같이 작업을 마친 모발길이를 정리한다.

9

⑨ B.P토대의 머리를 5개의 다발로 등분한다.

10

⑩ 한 가닥씩 느슨하게 한 방향으로 꼬기를 시작한디.

11

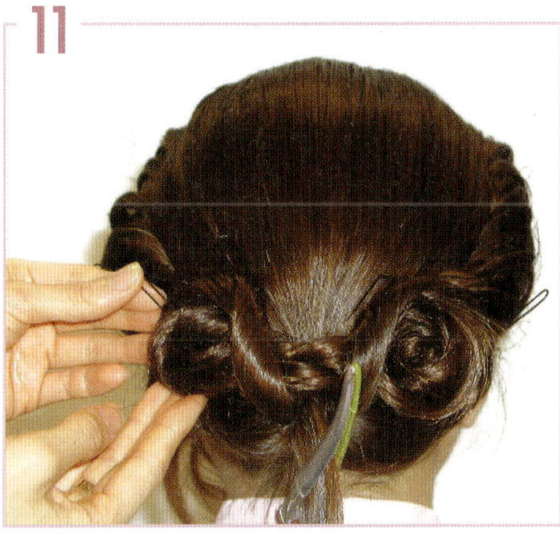

⑪ 양쪽 두 가닥씩을 같은 방법으로 꼬기 하여 네이프 부분의 두상 위에 모양을 잡아 고정한다.

12

⑩ 가운데 남은 한 가닥은 ⑨번의 머리모양 위에 올려 면 처리로 웨이브 윤곽을 잡아준다.

13

⑬ 앞머리는 사이드로 가르마를 내어 1cm 정도로 자연스런 볼륨 높이를 유지하여 정리한다.

14

⑭ 남은 모발길이는 얼굴선을 따라 자연스럽게 이동시켜 귀 위에 원을 돌려 정리한다.

15

⑮ 고정을 위한 핀들을 정리하고 고아진 모양 위에 진주로 장식한다.

16

⑯ 완성된 뒷모습

작품 2

화사한 한복의 색상과 귀여운 모델의 이미지를 살려주도록 너무 큰 볼륨감이나 복잡한 형태를 자제하고 깔끔하게 포인트되는 디자인 구상을 한다.

1

① T.P에서 E.B.P지점까지를 이어 기본 브로킹 한 다음 크라운 부위를 약간 라운드형태로 연결하여 등분한다.

2

② 후두부를 백콤하여 곱게 정리한다.

3

③ 정리한 모발을 B.P에 모아 묶어서 토대를 만들어둔다.

4

④ 왼쪽 사이드에서부터 적당히 머리가닥을 한 방향으로 꼬아준 다음 8자 모양으로 잡아 두상 위에 고정한다.

5

⑤ 고정하고 남은 모발길이는 다음 머리가닥과 합쳐서 꼬아주기를 한다.

6

⑥ 동일한 방법으로 연결하여 꼬기를 한다.

7

⑦ 오른쪽 사이드도 왼쪽과 동일하게 작업을 시작한다.

8

⑧ 마지막까지 꼬기를 연결하면서 핀컬핀과 U핀을 사용하여 임시 고정한 다음 스프레이로 고정시키고 작은 U핀으로 마무리한다.

9
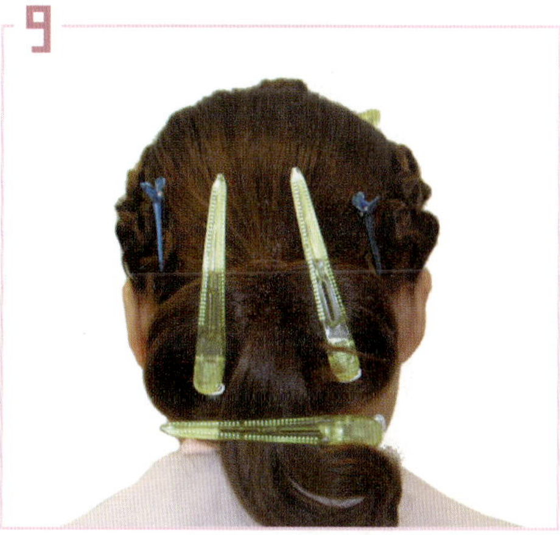

⑨ B.P의 묶음 토대를 3등분하여 핀셋으로 나누어 놓는다.

10

⑩ 윗부분의 중앙을 비워두고 세 개의 고리위치를 잡아 정리한다.

11

⑪ ②번의 모발 등분을 두 개로 나누어 잡고 왼쪽 가닥 위에 오른쪽 머리카락을 올려 교차하며 두 가닥 꼬기를 한다.

12
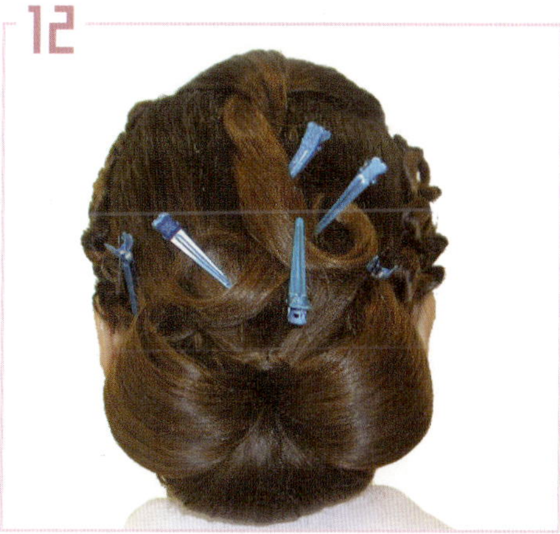

⑫ 아래로 내려 비워둔 고리 가운데에 모발길이를 이용해 디자인해 준다.

13

⑬ 앞머리는 아이롱으로 펴서 이마 위에 자연스럽게 내려준다.

14

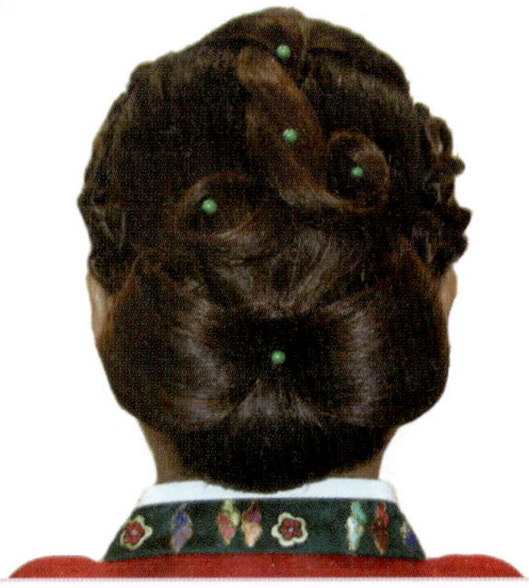

⑭ 핀과 스프레이로 고정한 다음 완성된 디자인에 맞게 장식한다.

15

⑮ 완성된 앞 모습

16

⑯ 완성된 옆 모습

3. 파티 업스타일

파티의 성격을 고려하여 다양한 악세서리 활용 등을 통한 세련되고 화려한 표현을 연출 할 수 있다.

작품 1

웨이브 흐름을 생동감 있고 화려하게 연출하여 세련된 이미지 표현

1

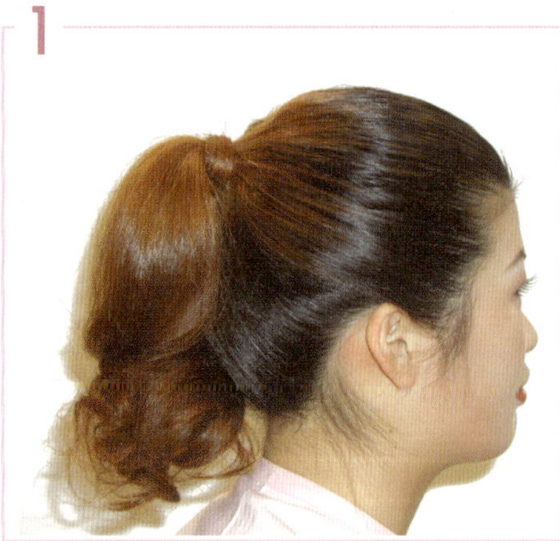

① G.P지점으로 머리를 한데 모아 묶는다.

2

② 다섯 등분으로 머리양을 나누어 첫 번째 등분을 가로섹션으로 떠서 두상의 맨 앞쪽에 디자인한다.

3

③ 두 번째 등분은 오른쪽 사선으로 섹션을 떠서 틀어잡아 왼쪽에 디자인한다.

4

④ 세 번째 등분도 사선으로 섹션을 떠서 면을 살려서 왼쪽에 디자인한다.

5

⑤ 네 번째 등분은 좀 더 안정적인 각도에 맞춰 왼쪽에서 오른쪽으로 토대를 감아 디자인한다.

6

⑥ 다섯 번째 가닥도 토대에 연결된 낮은 각도로 두상 위의 S컬을 이용에 흐름을 마무리한다.

7

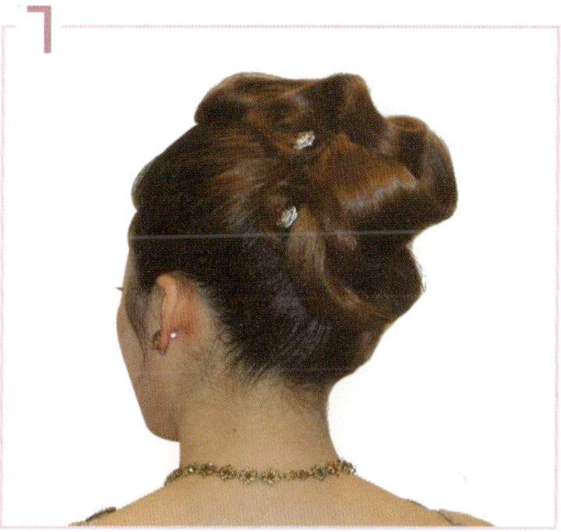

⑦ 스프레이로 고정한 후 적당한 부위에 헤어스타일과 의상에 맞는 액세서리를 장식한다.

8

⑧ 완성된 옆모습

작품 2

자연스러운 모발 끝 표현과 프런트의 생머리와의 조화를 통한 개성 있으면서도 멋스러운 분위기 연출

1

① E.B.P에서 G.P까지를 지그재그로 연결하여 묶는다.

2

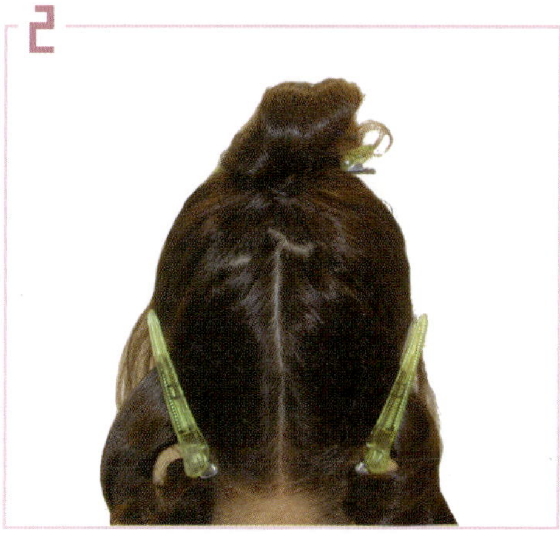

② 후두부를 세로로 2등분한다.

3

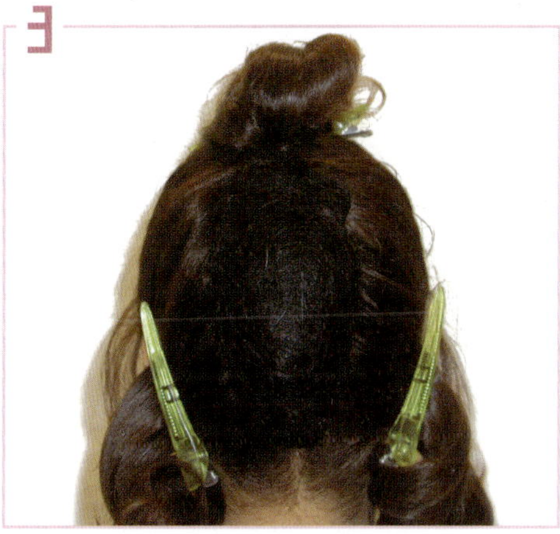

③ 가르마 중앙에 길게 싱을 넣어 고정한다.

4

④ 오른쪽부터 싱 위로 모발을 곱게 빗어 정리한다.

5

⑤ 왼쪽 모발도 ④번의 모발 면 위에 정리하고 겹쳐진 부분의 모양을 핀으로 임시 고정한다.

6

⑥ ④, ⑤번의 과정에서 남은 모발 길이를 먼저 디자인한다.

7

⑦ G.P에 묶어 놓은 모발을 적당히 등분한 후 한 가닥씩 묶기모양을 한 후 생머리를 뺀다.

8

⑧ 원 안으로 묶기한 후 빼낸 모발은 가볍게 백콤을 한 후 펴준다.

9

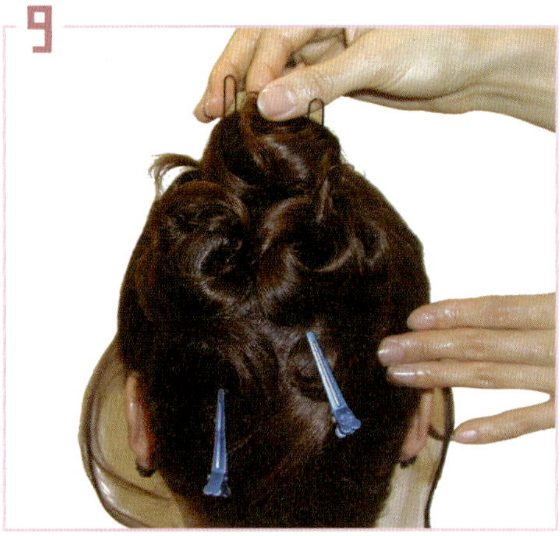

⑨ 나누어진 모발을 같은 방법으로 모양을 잡고 정리한다.

10

⑩ 앞머리는 아이롱으로 펴서 왁스를 발라 이마 위에 펴준다.

11

⑪ 완성된 디자인의 적당한 곳을 찾아 장식한다.

12

⑫ 완성된 옆 모습

4. 연주회 업스타일

머리선이 자연스럽게 어깨선에 오도록 해서 비격식적이면서 자연스러운 스타일을 연출하는 세미 업스타일을 해준다.

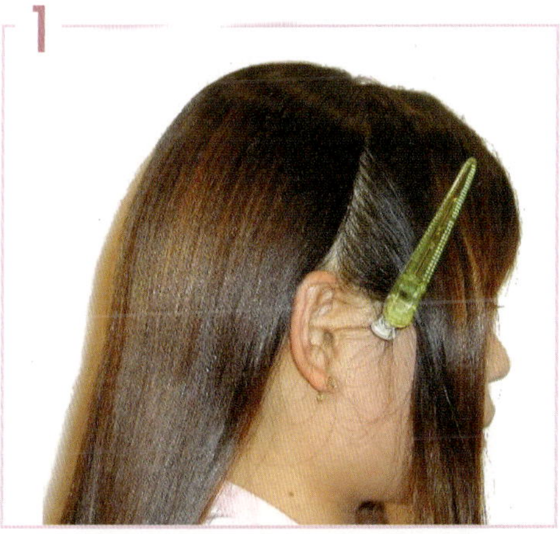

① 세팅을 하지 않은 상태에서 T.P와 E.P를 연결하여 기본 브로킹을 한다.

② 후두부를 양등분하고 오른쪽부터 적당한 크기로 파팅한 다음 아이롱으로 웨이브를 만들어준다.

③ 왼쪽 등분의 웨이브 방향을 오른쪽과 반대가 되게 작업한다.

④ 완성된 웨이브를 방향을 잡아준다음 왁스를 발라 윤기있게 연출한다.

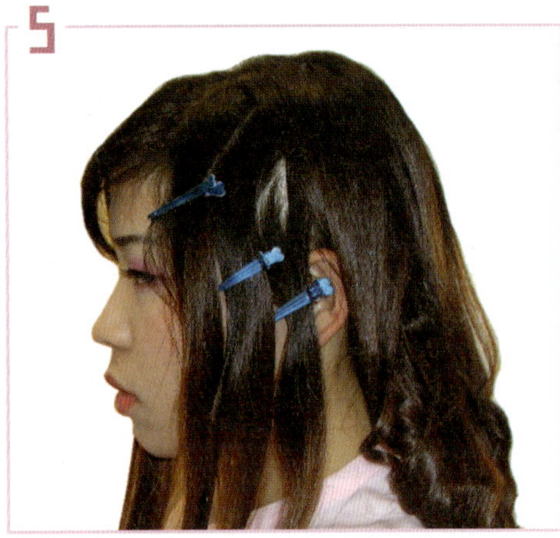

⑤ 오른쪽과 왼쪽 사이드를 수평으로 각각 3등분한다.

⑥ 왼쪽부터 등분해 둔 모발을 한가닥씩 잡아 묶어주기를 한다.

⑦ 세 개의 등분을 묶기 한다음 남은 모발길이는 두상 위에 S자 모양의 웨이브를 잡아준다.

⑧ 오른쪽 사이드도 동일하게 작업하여 정리한다.

9

⑨ 앞머리는 스타일링 빗을 이용하여 얼굴형에 맞게 뿌리 높이를 살려 스프레이로 고정한다.

10

⑩ 핀셋과 핀을 정리한 다음 왁스와 스프레이로 마무리한다.

11

⑪ 완성된 뒷 모습

12
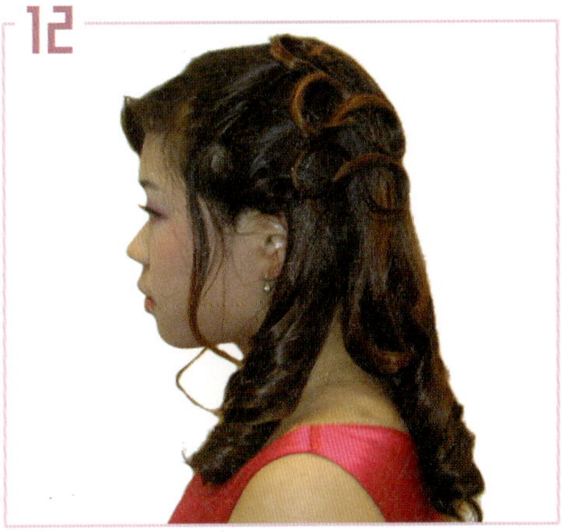

⑫ 완성된 옆 모습

6 업스타일 창작

1. 헤어피스를 활용한 업스타일
2. 시뇽 온 롱헤어

학습요점

제6장에서는 디자이너의 독창적인 감각과 좀 더 높은 작업의 완성도를 요구하게 된다. 피스 제작을 통한 업스타일과 시뇽 온 롱 헤어 등을 통해 성숙한 디자이너의 위상을 갖추고 고객 앞에 당당한 자신감으로 설 수 있기를 기대한다.

1. 헤어피스를 활용한 업스타일

작품 1

S컬 흐름을 살린 웨이브 피스와 횡거웨이브를 조화시킨 창작 업 스타일

1

① 먼저 두상을 E.B.P~T.P까지를 연결하여 크게 2등분한다.

2

② 후두부 부위를 위에서부터 깊게 백콤한다.

3

③ 백콤한 부위를 왁스를 발라 곱게 빗질하여 정리한다.

4

④ 모발을 B.P으로 모은 다음 묶기전 흐트러짐을 방지하기 위해 핀셋으로 임시 고정한다.

5

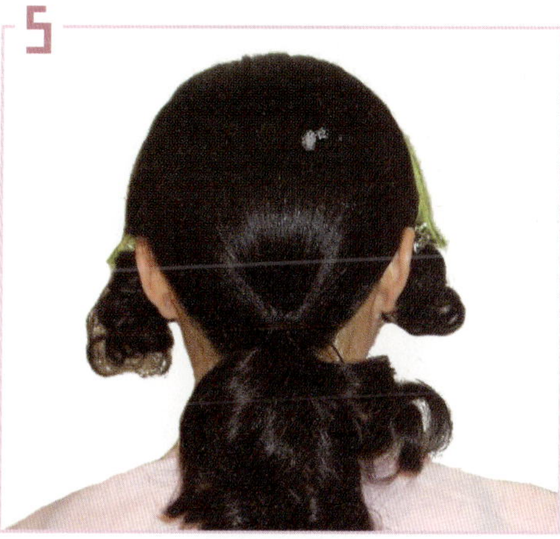

⑤ 묶은 다음 핀셋을 빼고 정리한다.

6

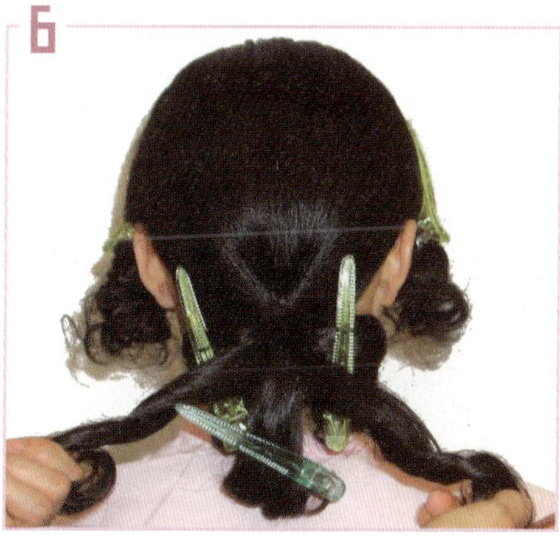

⑥ 모발을 5가닥으로 나누어 잡는다.

7

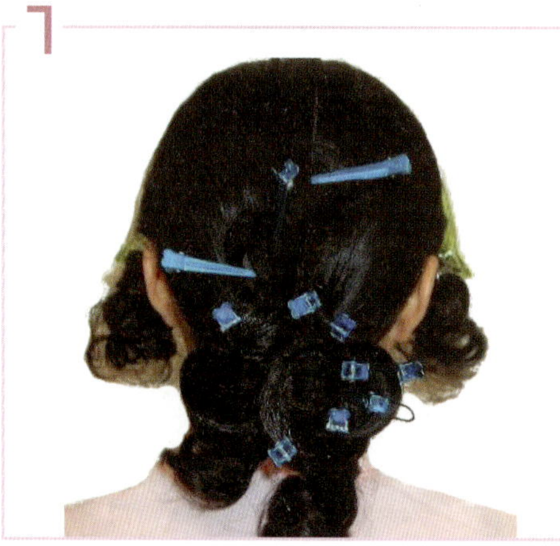

⑦ 가운데 모발 가닥부터 한 가닥씩 웨이브 흐름을 이용하여 두상 위에 디자인한다.

8

⑧ 같은 방법으로 5가닥 전부를 서로 어우러지게 연결한다.

9

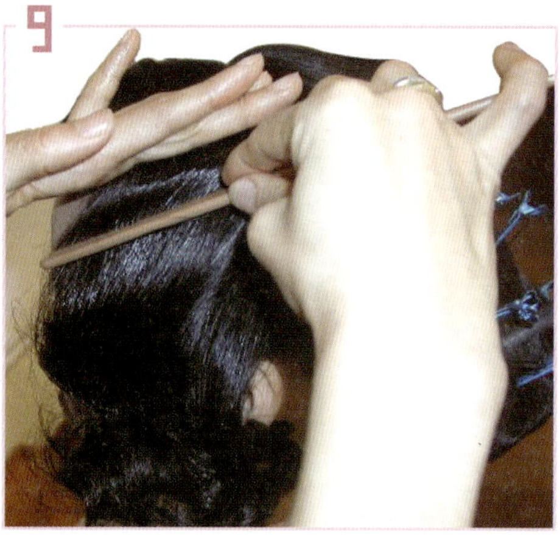

⑨ 전두부 부분의 모발을 빗질한 다음 횡거웨이브를 시작한다.

10

⑩ 웨이브 흐름을 연결한 다음 웨이브 클립을 이용하여 형태를 잡아둔다.

11

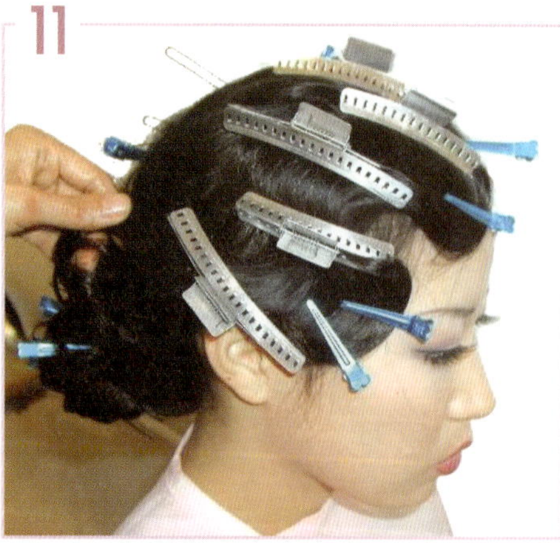

⑪ 반대편도 마찬가지로 횡거웨이브로 연결한다.

12

⑫ S컬의 흐름을 정교하게 잡아 스프레이로 고정한 후 핀셋을 정리한다.

13

⑬ 준비해 둔 피스를 부착한다.

14

⑭ 너무 많은 양의 피스 활용으로 디자인이 복잡해 보이지 않도록 여유 있게 표현해 준다.

15

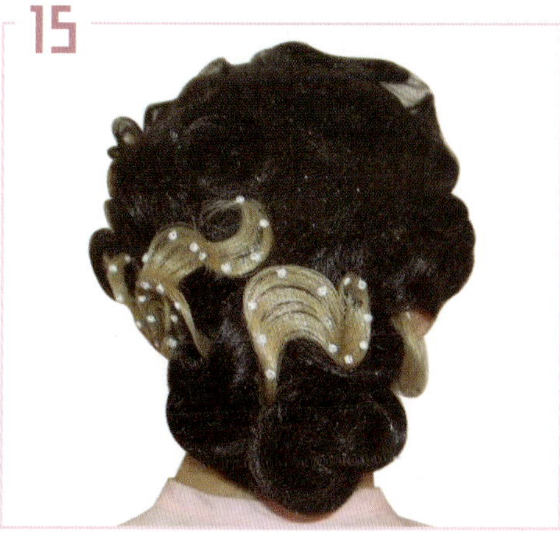

⑮ 완성된 뒷 모습

16

⑯ 완성된 옆 모습

피스 제작 단계

1. 인모나 인조 머리카락을 적당량으로 나누어 준비한다.

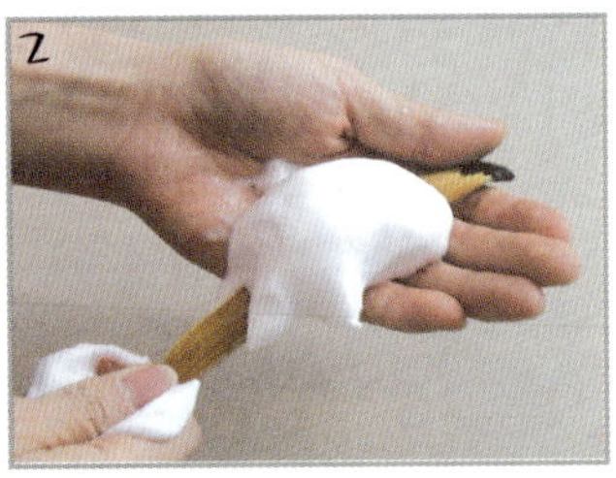

2. 모발에 무스나 스타일링 왁스를 골고루 바른다.

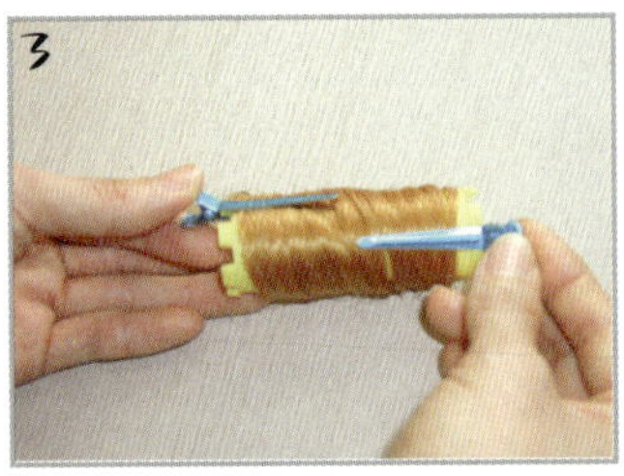

3. 원하는 굵기의 롤이나 롯드에 모발을 감아 건조시킨다.

4. 건조된 머릿단을 웨이브 흐름에 따라 빗질한다.

5. 웨이브 흐름을 자연스럽게 연결하여 먼저 C컬을 잡아준다.

6. S컬 방향을 핀셋으로 잡아 스프레이로 고정한다.

7. 준비한 액세서리를 실리콘액으로 부착한다.

8. 피스 완성

작품 2 만개한 꽃잎 모양의 피스와 머리망을 활용한 창작 업스타일

1

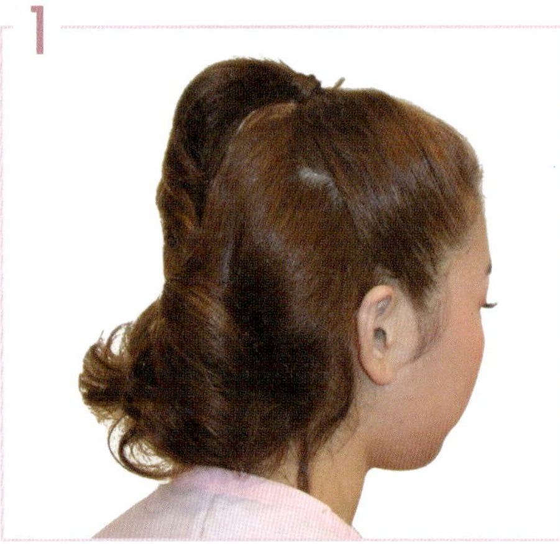

① T.P에서 E.P까지를 지그재그선으로 연결하여 전두부 전체를 포니테일한다.

2

② 후두부를 다시 수직으로 ①번과 같은 방법으로 2등분한다.

3

③ 왼쪽 후두부 모발을 오른쪽으로 비껴빗어 T.P의 오른쪽 아래쪽에 묶어준다.

4

④ 오른쪽 모발도 ③번과 반대방향으로 동일하게 묶어준다.

5

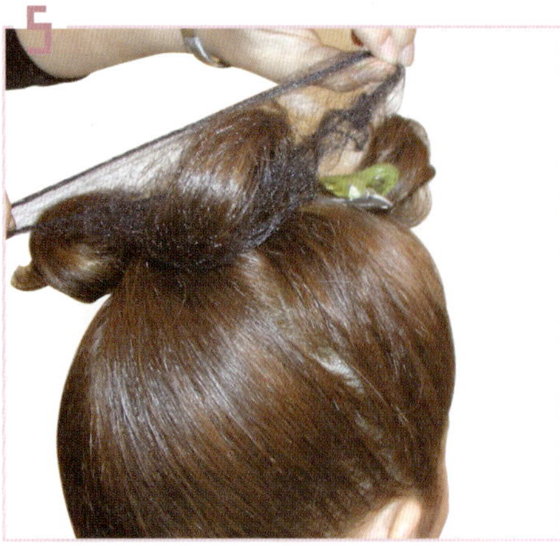

⑤ 각각의 포니테일에 머리 망을 씌워준다.

6

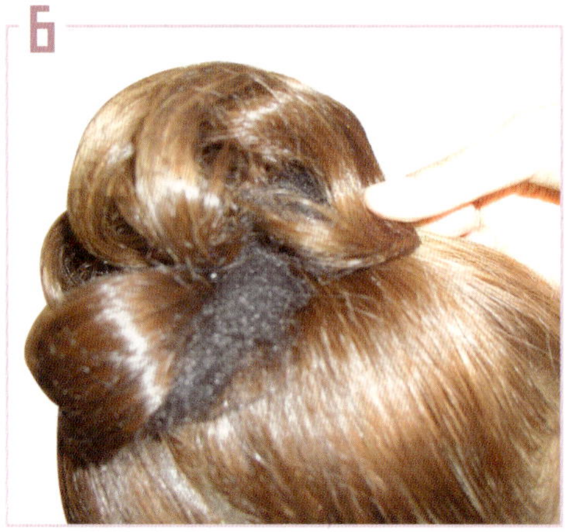

⑥ 망을 씌운 머리카락을 모양을 내어 펴면서 S자 형태의 웨이브를 만들어 준다.

7

⑦ 세 개의 망을 웨이브로 연결시켜 준다.

8

⑧ 여유 있는 공간에 준비한 꽃모양 피스를 위치 잡아준다.

9

⑨ 몇 개의 피스를 동일한 방법으로 고정시켜 준다.

10

⑩ 핀을 정리한 후 마무리한다.

11

⑪ 완성된 앞 모습

12

⑫ 완성된 옆 모습

피스 제작 단계

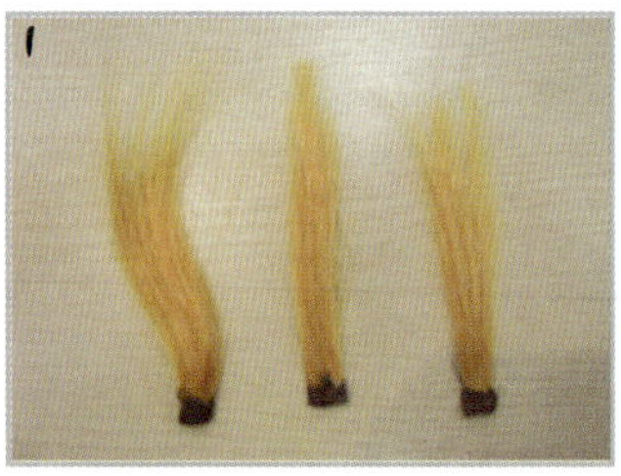

1. 칼라 작업이 된 머리카락이나 인모 피스를 적당한 굵기로 준비한다.

2. 물 본드를 도포한 다음 꼬리빗을 이용하여 꽃잎 모양으로 펴준다.

3. 드라이어 바람으로 건조시켜준다.

4. 건조가 된 꽃잎을 구부려 활짝 핀 꽃모양형태로 잡아준다.

5. 여러 개의 꽃잎을 같은 방법으로 만들어준다.

6. 조화 꽃수술을 가운데에 놓고 3~4개의 꽃잎을 실리콘으로 연결하여 준다.

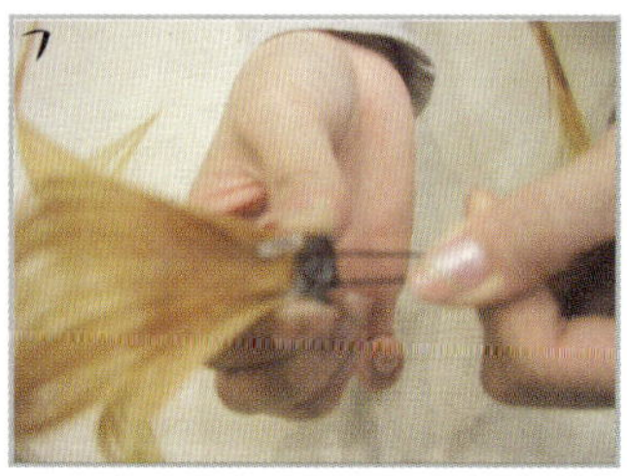

7. 꽃 피스 끝부분에 U핀(대)을 부착시킨다.

8. 완성된 꽃모양 피스

2. 시뇽 온 롱헤어

비대칭 시뇽 위치와 땋기 등의 숙련된 테크닉이 조화롭게 연출되어지는 창작 업스타일.

작품 1

S컬 흐름을 살린 웨이브 피스와 횡거웨이브를 조화시킨 창작 업 스타일

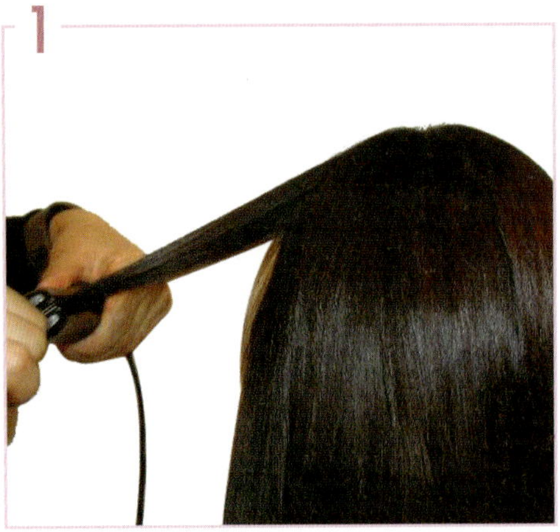

① 모발 전체를 아이롱을 이용해 웨이브 없이 펴준다.

② E.T.E 파팅하여 모델의 왼쪽 눈동자 위에 묶음이 위치하도록 묶어준다.

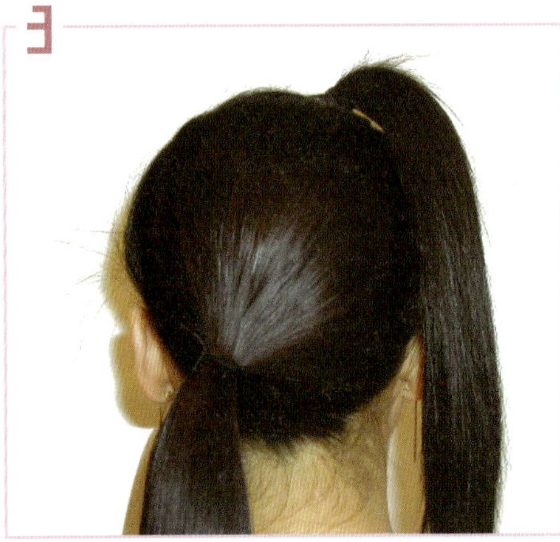

③ 뒷머리는 오른쪽 N.S.P보다 2~3cm 위쪽에 위치하여 묶어준다. 전두부와의 각도는 15° 정도 되도록 묶는다.

④ 뒷머리의 모량이 많을 경우 반정도를 나눠 밑부분에 백콤을 넣어서 받침으로 정리한다.

⑤ 판넬이 완성되고 남은 가닥을 이용하여 5가닥으로 다시 세분화하여 바구니 딸기를 해 준다.

⑥ 딸기의 가장자리의 자락을 가늘게 잡아 당겨주며 자연스러운 곡선이 이어지도록 디자인해 본다.

7

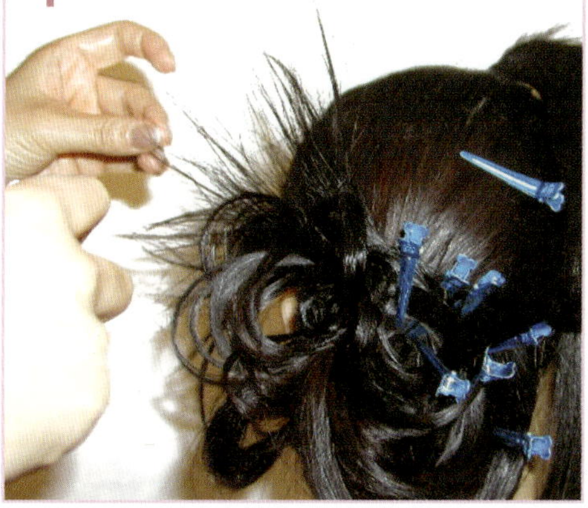

⑦ 크기의 단차를 준 곡선을 꽃모양으로 장식하여 조화로운 디자인으로 마무리 장식한다.

8

⑧ 전두부에 묶어둔 머리카락 다발을 3등분으로 나눈다(첫째메쉬-둘째메쉬-셋째메쉬 순으로 모량을 조절한다).

9

⑨ 각 메쉬가 돌려지는 각도와 질감처리를 조화롭게 이루어 놓고 스프레이와 핀처리를 한다.

10

⑩ 각 메쉬마다의 질감 표현이 뭉쳐지지 않도록 각각의 느낌이 들도록 세심한 핀 처리와 스프레이 처리를 한다.

11

⑪ 준비해 둔 바구니 땋기 피스를 이용해 비대칭의 디자인 원리로 장식하여 준다.

12

⑫ 마지막 메쉬를 돌리고난 끝머리를 이용해 장식적인 효과로 메쉬를 만들어 디자인 한다.

⑬ 메쉬의 화려함에 맞춘 액세서리 장식을 한다.

⑭ 비대칭으로 완성한 쉬뇽 온 롱헤어 스타일 뒷 모습

⑮ 완성된 왼쪽 옆 모습

⑯ 완성된 오른쪽 옆 모습

7

업스타일 심화

-고전 머리

1. 쪽머리와 첩지머리
2. 어유미와 거두미
3. 트레머리

학습 요점

제7장에서는 업스타일 심화과정으로 우리의 전통 고전머리를 다루었다. 온고지신(溫故知新)의 정신을 되새겨 우리의 것을 제대로 계승하고 새로운 업스타일의 세계를 열어가는 최고의 헤어디자이너가 되길 바라는 바이다.

1. 쪽머리와 첩지머리

작품 1

쪽머리

쪽머리는 삼국시대부터 존재한 머리모양으로 조선시대 후기에는 궁중과 반가부녀자들이 즐겨하였으며, 혼례를 올린 기혼녀들의 머리모양이다.

1

① C.P를 중심으로 가운데 가르마를 가르고 양쪽 사이드로 분배한다.

2

② C.P에서 45˚로 뒤로 곱게 빗질하여 준다.

3

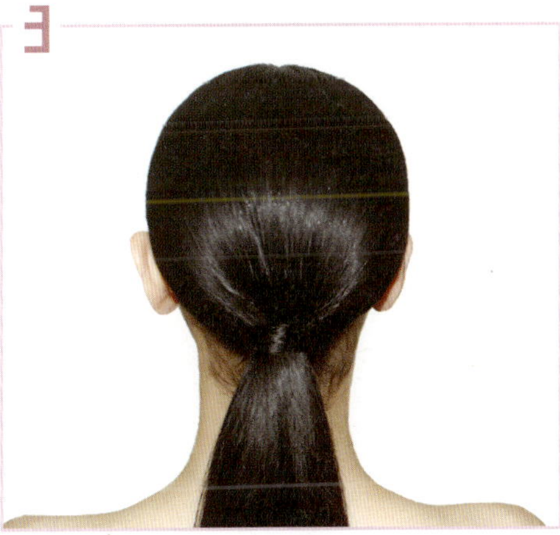

③ 사이드를 곱게 빗질한 후 뒷부분까지 연결하여 빗질하고 네이프에 묶어준다.

4

④ 묶은 머리카락 다발을 세 가닥 땋기를 하여 토대를 만들어 준다.

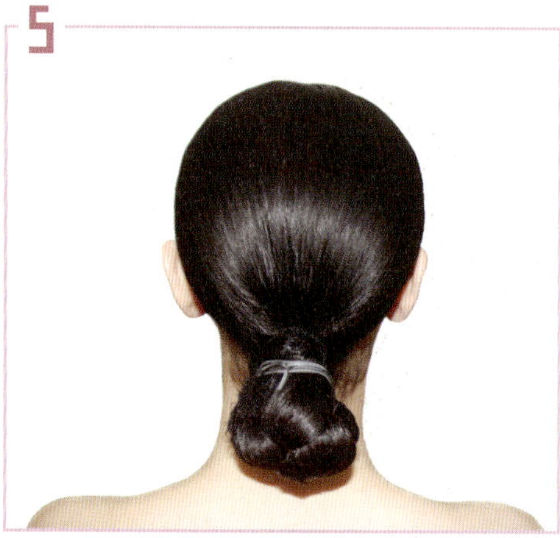

⑤ 토대가 완성된 모습.

⑥ 완성된 토대에 쪽머리 달비를 고정시킨다.

⑦ 왼손으로 달비의 위쪽을 잡고 오른손으로 달비의 아래쪽을 잡아준다.

⑧ 달비를 잡은 두 손을 손등이 보이도록 돌려주고 쪽의 크기를 재어본다.

⑨ 쪽의 크기가 결정이 되면 달비의 끝부분을 고정시키고 댕기로 감싸준다.

⑩ 댕기가 드리워진 모습.

11

⑪ 왼손을 돌려 손등이 보이게 하여 펴면서 쪽머리 형태를 만든다.

12

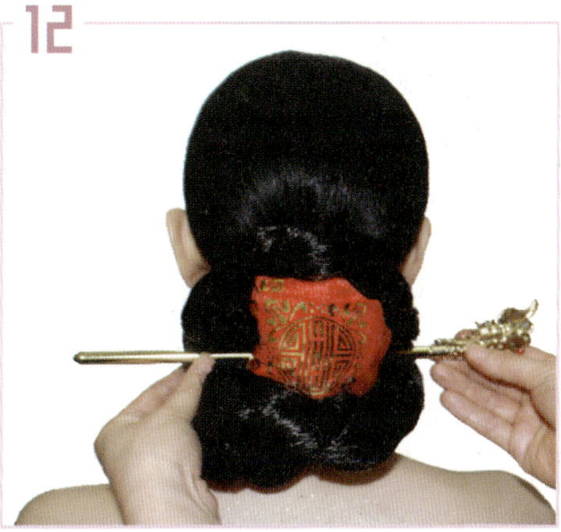

⑫ 비녀를 이용해 고정시켜준다.

13

⑬ 뒤꽂이를 이용해 장식하여 완성시킨다.

14

⑭ 완성된 뒷 모습

15

⑮ 완성된 옆 모습

16

⑯ 완성된 앞 모습

작품 2

첩지머리

첩지머리는 첩지를 사용하여 단장한 쪽머리로 조선시대 궁중 여인의 머리 모양을 말한다. 첩지는 신분의 차이를 두어 황후는 금으로 도금된 용첩지, 비 · 빈은 금으로 된 봉첩지, 내 · 외 명부는 개구리첩지를 사용하였다.

1

2

3

4

2. 어유미와 거두미

작품 1

어유미

어유미는 조선시대 큰머리에 버금가는 예장용 머리모양으로 궁중에서는 왕비를 비롯한 내 · 외 명부, 상궁들이 즐겨하였으며 민간에서는 서민 여성들의 혼례에 사용되었다.

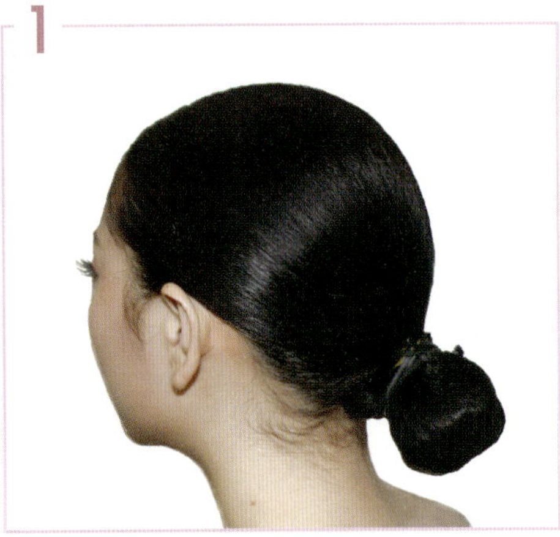

① 가운데 가르마로 가르고 곱게 빗질하여 네이프에 묶어 고정 시킨 후 토대를 완성시킨다.

② 쪽머리 달비를 토대위에 고정시킨다.

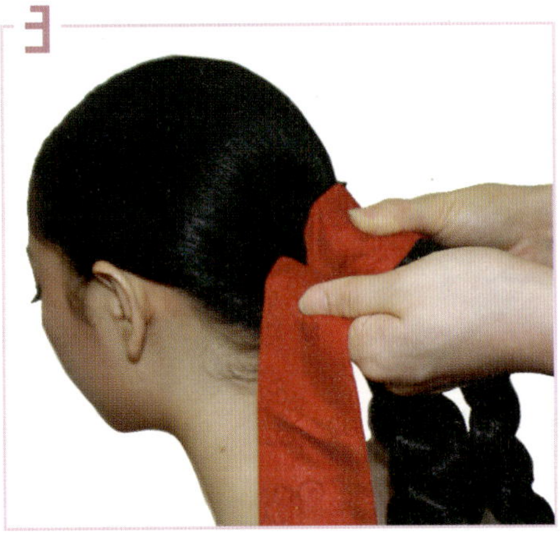

③ 고정시킨 달비를 쪽의 크기를 재어 본 후 달비의 끝을 고정 시키고 댕기로 감싸준다.

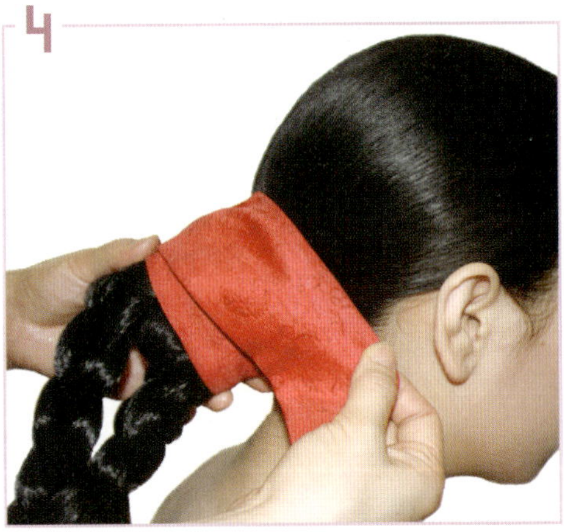

④ 감싸준 댕기의 끝을 실핀이나 시침핀을 이용해 고정시킨다.

5

⑤ 댕기가 드리워진 모습.

6

⑥ 쪽의 모양을 잡아 비녀를 이용해 고정시킨다.

7

⑦ 웃는 입술모양의 쪽머리가 완성된 모습.

8

⑧ 어염족두리를 두정부에 고정 시킨다.

9

⑨ 어유미 가체를 시계방향으로 크게 한번 얹어 어염족두리에 묶어 고정시킨다.

10

⑩ 속비녀를 이용해 가체를 고정시킨다.

11

⑪ 가체를 다시 한 번 시계방향으로 얹어 어염족두리에 묶어 고정시킨다.

12

⑫ 가체가 흘러내리지 않도록 속비녀를 이용해 단단히 고정시킨다.

13

⑭ 떨잠을 이용해 장식한다.

14

⑬ 어유미가 완성된 모습

15

⑮ 완성된 앞 모습

16

⑯ 완성된 뒷 모습

작품 2

거두미

거두미는 '큰머리', '떠구지머리' 라고도 불리며, 조선시대 궁중의식용 머리 모양으로 어여머리 위에 떠구지 머리틀을 얹은 머리 형태이다. 명부 중에서도 특히 궁중에서 품개를 가진 왕비나 후궁들인 내 · 외 명부와 부녀자가 사용하였다.

1

2

3

4

3. 트레머리

트레머리는 머리카락을 뒷머리에서 앞머리로 감아올려 끝을 앞머리 가운데에서 맺어 꽂은 머리형태로 가체를 활용한 크고 화려한 형태로, 조선시대 기녀들이 즐겨하던 머리모양이다.

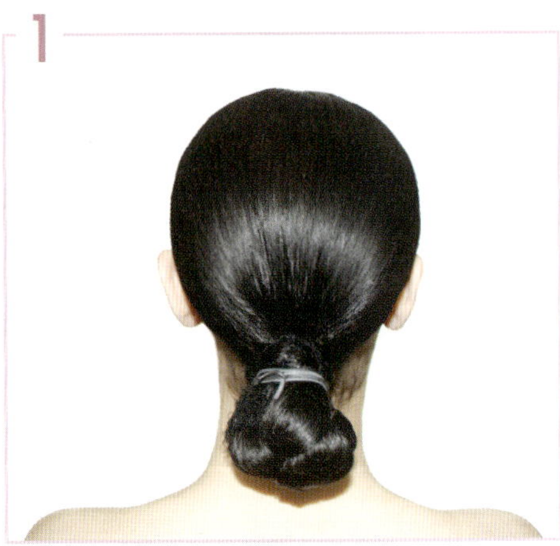

① 가운데 가르마로 가르고 곱게 빗질하여 네이프에 묶어 고정 시킨 후 토대를 완성시킨다.

② 트레머리 가체를 토대 위에 고정시킨다.

③ 고정용 달비를 두정부에 고정시킨다.

④ 가체를 시계방향으로 크게 한번 얹어 속비녀를 이용해 고정시킨다.

⑤ 남은 가체를 반으로 접어 꼬아주며 틀어준다.

⑥ 틀어준 가체를 구도에 맞춰 시계방향으로 얹어준다.

⑦ 속비녀를 이용하여 위에서 토대쪽으로 고정시킨다.

⑧ 속비녀로 아래 부분을 가로로 토대를 지나게 고정시킨다.

9

⑨ 두가닥 꼬기가 된 작은 달비를 토대 위에 고정시킨다.

10

⑩ 사선으로 모양을 잡아가며 고정 시킨다.

11

⑪ 아래 부분이 완성되면 윗부분과 연결하여 모양을 잡아준다.

12

⑫ 큰가체와 연결이 되게 모양을 잡아주어 고정시킨다.

13

⑬ 완성된 트레머리에 장신구를 이용해 장식한다.

14

⑭ 완성된 앞 모습

부록

업스타일에 필요한 미용용어 정리

*가이드라인(guide line) : 스타일을 만드는데 기준이 되는 머리의 길이.
*강조(dominance) : 한 단위가 중점이 되어 두드러지게 표현함으로서 디자인 내에 가장 큰 영향력을 미치게 한다.
*개성(individuality) : 각 사물 또는 각 개체가 지닌 고유한 특징적 성격.
*골덴 포인트(golden point) : 턱에서 양 귀를 연결한 선의 연장선이 두정부에서 만나는 지점.
*기슈(guiches)(불) : 이마와 땀에 걸친 애교머리.
*그라데이션(gradation) : 점차적 이행. 조금씩의 변화. 색채 용어에서는 선염법(농담을 점점 짙게 또는 엷게 하는 것) 농담. 백과 흑의 명도단계의 변화 등이 있다.
*구심(求心) : 회전하는 물체가 중심을 향하여 가까워지려고 하는 작용.
*꼬기(twist) : 하나, 둘 혹은 세 가닥의 머리를 교차하거나 꼬아서 밧줄 형태의 모양을 만들거나 똬리를 만들어 형태를 내는 방법.
*내로우 웨이브(narrow wave) : 리지(등성이)와 리지의 폭이 좁거나 커브가 급한 웨이브, 파장이 많으므로, 전체가 곱슬곱슬한 머리에 가깝게 된다.
*노트(knot) : 본래의 뜻은 매는 것으로 넥타이, 리본 등이 묶인 부분. 미용에서 가닥을 묶거나 얽는 매듭 부분. 또는 토대나 베이스를 만들기 위하여 만드는 부분의 의미.
*뉘앙스(nuance)(불) : 색조, 농담, 음영, 그라데이션(선염법) 톤, 감정 정서 등의 여러가지 표현을 포함. 다른 것과 조금 다른 미묘한 특색을 표현하는 것. 개성 미의 미묘한 차이가 뉘앙스의 특징이다. 뉘앙스는 감정과 기분, 여러 가지 상태 등의 모든 막연한 표현에서 찾아볼 수 있는데 뉘앙스는 감각의 사용방법을 분별하면 스스로 표현 가능한 것이다. 개성은 각각 다른 뉘앙스를 가진다.
*다미넌스(dominance) : 강조점, 최대한 강조되어지는 부분이나 초점.
*다운 세이핑(down shaping) : 다운은 밑 방향으로, 세이프는 윤곽, 형태란 뜻, 모발의 진행 방향이 아래로 향한 형태를 만드는 것.
*다운 스템(down stem) : 스템은 모근에서 컬이 말리기 시작한 곳까지를 말하며 다운스템은 컬이 말리는 부위가 밑으로 길어지는 와인딩의 방법. 볼륨을 억제하는 효과를 갖는다.
*다이아그램(diagram) : 그림, 도해, 도표.
*땋기(braid) : 셋 이상의 가닥으로 갈라서 엮어 한 가닥으로 표현하는 방법.
*똬리 : 머리에 짐을 받치는 고리 모양의 물건.
*대상(object): 예술에 있어서는 표현 작용을 향한 목표가 되는 소재, 제재 등을 총칭한다. 개관, 객체와 거의 같은 뜻으로 사용된다.
*대조(contrast) : 반대적 요소의 바람직한 관계. 다양성을 만들어내고 서로 대립되는 요소가 디자인의 흥미를 자극한다.
*대칭(symmetry) : 점. 선. 면. 또는 이것들로 된 형태가 어떤 기준이 되는 점이나 선, 또는 면을 중심으로 서로 맞서는 자리에 놓이는 경우.
*W형 핀 고정 : 핀을 꽂는 방법의 하나로, 가장 처음에 꽂는 핀의 앞과 다음 핀의 뒷부분을 W형으로 교차시켜 가는 기법 머리숱이 많거나 토대가 없는 경우에 고정시키기 위한 방법으로 사용.
*덜 웨이브(dull wave) : 덜은 활발하지 않은, 둔한, 침체되었다는 뜻. 굴곡이 확실하지 않은 웨이브.
*동선(traffic line) : 공간에 있어서의 인간과 물체의 움직이는 궤적.
*디랙션(direction) : 흐름, 방향.
*디자인(design) : 예술성 있는 전체를 만들어내는 모양. 선 그리고 장식적인 효과의 배열.
*디자인 프린시플(design principles) : 디자인 법칙, 사용할 디자인 요소들의 배치나 패턴, 규칙과 표준.
*디스트리뷰션(distribution) : 분배, 머리가 빗질되는 방향. 두상의 곡면 위로 머리가 분산되어지는 것.
*디스코던스(discordance) : 비 조화, 연관성이 없는 단위들의 조합 ; 단적인 대조.

참고문헌

두발형태와 수식을 통해 본 조선여인의 삶 -조선시대 풍속화를 중심으로-, 이효숙 · 이나리, 국제미용교육포럼, 2008.

모발미용학, 곽형심, 정문각, 2001.

미용학개론, 곽형심 외 8명 공편저, 2000.

미용학개론, 김계순외 8명 공저, 훈민사, 2001.

미용미학과 미용문화사, 전선정외 3명 공저, 청구문화사, 2001.

미의식에 반영된 동,서양 미용행위의 비교고찰, 이효숙, 국제미용교육포럼학회지 3(5), 2003.

신체적 특성에 따른 헤어스타일 연구, 김은영 · 이효숙, 한국미용학회 제13권 2호, 2007.

얼굴형의 특성에 따른 헤어스타일 연구, 이효숙 · 김은영, 미용교육포럼, 2006.

업스타일 바이블 CHARISMA, 김교숙, 제일출판사, 2003.

열두손가락 업스타일, 김 환, 도원, 2002.

웨딩 보떼, 한명숙, 청구문화사, 2003.

헤어세팅, 황정원, 현문사, 2002.

헤어일러스트레이션을 위한 이미지 발상연구, 이효숙 · 채병호, 미용교육포럼, 2006.

美容基礎技術(II), 이규철, 보성사, 1988.

個性美學 특강자료, DEMI, 1997.

Dressing Long Hair, Patrick Cameron, Yelim, 2003.

HAIR DESIGN and VISAGISM, 유은주외 3명공저, 청구문화사, 2000.

LONG HAIR DESIGN, PIVOT POINT, Sae Han, 1997.

UP STYLE, 김양금 · 박주비, 청구문화사, 2002.

UP STYLE 총론, 지상기, 고문사, 2001.

찾아보기

INDEX